城市公交车辆安全警示案例评析

北京公共交通控股（集团）有限公司◎编著

人民交通出版社
北京

内 容 提 要

本书针对城市公交车辆运营中因驾驶员处置不当、车辆维护管理不到位、制度执行不彻底等方面原因引发的车辆安全事故,遴选了11个典型案例,从事故经过、事故勘查情况、存在问题、案例评析等方面进行分析和总结,对城市公共交通行业相关从业人员具有重要的警示和教育意义。此外,本书系统梳理了城市公交企业运营中常用的纯电动车、柴油车、燃气车等6类车型的每日例检工作内容。

本书可供城市公交企业车辆安全管理人员、保修工和驾驶员等岗位人员学习使用,也可供社会各界朋友学习参考。

图书在版编目(CIP)数据

城市公交车辆安全警示案例评析 / 北京公共交通控股(集团)有限公司编著. — 北京 : 人民交通出版社股份有限公司, 2025. 1. — ISBN 978-7-114-20169-1

Ⅰ. U491

中国国家版本馆 CIP 数据核字第 20258P322G 号

Chengshi Gongjiao Cheliang Anquan Jingshi Anli Pingxi

书　　名:城市公交车辆安全警示案例评析
著 作 者:北京公共交通控股(集团)有限公司
责任编辑:何　亮　绳晓露
责任校对:龙　雪
责任印制:张　凯
出版发行:人民交通出版社
地　　址:(100011)北京市朝阳区安定门外外馆斜街3号
网　　址:http://www.ccpcl.com.cn
销售电话:(010)85285857
总 经 销:人民交通出版社发行部
经　　销:各地新华书店
印　　刷:北京市密东印刷有限公司
开　　本:787×1092　1/32
印　　张:7.625
字　　数:150千
版　　次:2025年1月　第1版
印　　次:2025年1月　第1次印刷
书　　号:ISBN 978-7-114-20169-1
定　　价:45.00元

前言 | PREFACE

安全生产是保护劳动者安全、健康和国家财产安全，促进社会生产力发展的基本保证，也是保障经济社会高质量发展的前提。党的十九大作出了建设交通强国的重大决策部署，党的二十大报告强调加快建设交通强国，《交通强国建设纲要》提出构建安全、便捷、高效、绿色、经济的现代化综合交通体系。《城市公共交通条例》坚持问题导向、标本兼治，统筹发展和安全，强化城市公共交通安全管理。城市公共交通是保障人民群众日常基本出行的社会公益性事业，是建设现代化综合交通体系、加快建设交通强国的重要内容。安全是城市公交行业的发展之源，是城市公交企业的立身之本。坚持人民至上，生命至上，恪守安全红线是城市公交企业践行建设人民满意公交的基本准则。

我国已建成世界上最大的城市公共汽电车运营服务体系，城市公共汽电车保有量、运营线路数量及线路长度均居世界第一。截至 2023 年底，全国城市公共汽电车保有量 68.25 万辆，公交线路近 8 万条、线路长度超过 170 万 km。公交车绿色化水平大幅提升，全国新能源公交车数量达到 55.4 万辆，占比达 81.2%。日均客运量约 9000

万人次，开通线路数量、运营里程均居世界第一。近年来，我国城市公交运营安全形势整体稳定向好，但是交通事故和事件仍有发生，给人民群众的生命和财产安全造成损失。这些交通事故和事件警示我们，保障城市公交运营安全丝毫不容松懈。

北京公共交通控股（集团）有限公司以安全运营为第一要务，以企业运营生产实际为基础，针对城市公交车辆运营中因驾驶员处置不当、车辆维护管理不到位、制度执行不彻底等方面原因引发的车辆安全事故，遴选了11个典型案例，从事故经过、事故勘查情况、存在问题、案例评析等方面进行分析和总结。同时，系统梳理了城市公交企业运营中常用的纯电动车、柴油车、燃气车等6类车型的每日例检工作内容，形成《城市公交车辆安全警示案例评析》。希望通过一个个鲜活的案例警醒提示企业强化安全生产红线意识，深刻吸取事故教训，做好车辆技术安全保障工作，进一步压实主体责任，坚决防范遏制事故发生。

由于作者水平有限，书中内容难免存在不足之处，敬请广大读者批评指正。

编　者

2024年11月

目录 | CONTENTS

第一部分　车辆安全事故警示案例

第二部分　常用车型每日例检

第一部分
车辆安全事故警示案例

案例1 驾驶员遇低气压报警未停驶待援造成较大影响故障

一、事故经过

6月某日8时25分，某驾驶员驾驶公交车从某公交车站出站，车辆因气压低触发自动报警（此时车辆气压已低于5.5bar）。驾驶员仍继续行驶，先后通过三个路口，于8时28分左右在重点保障区域内遇红灯停车等候，制动过程进一步降低了储气罐气压值，造成车辆强制互锁、加速踏板无响应（此时车辆气压已低于5.2bar），变绿灯后，车辆无法起步。

8时32分抢修救援中心接交警来电，立即派在附近待命的清障车前往救援。清障车于8时37分到达故障地点，抢修人员向驾驶员了解故障信息后，于9时左右将故障车辆拖离故障现场。

二、事故勘查情况

1.车辆维护情况

上一年12月某日：一级维护，当日接出。

同年4月某日：一级维护，同时厂家更换加油口密封垫、补充空压机润滑油，解决打气泵异响故障，两日后接出。

2. 车辆小修情况

故障发生前的13天：19时55分，结束运营返厂时，发生低气压报警故障，报修车辆在运行途中出现“不打气，无助力，重新启动”故障，21时39分清障车跟回车间报修。

故障发生前的12天：车间对故障车辆进行检修，在检查过程中发现空压机出气管处有漏气现象，紧固后排除漏气故障，同时，检查空压机润滑油，润滑油无变质，补充约50mL润滑油，对空压机泵气功能进行了反复静态测试和路试，空压机泵气均上气正常，停机功能正常。

故障发生前的11天：车间通知客运单位接车（前一天15时54分电话通知接车，电话未接通。当日8时32分车间未联系到客运单位人员）。此后客运单位反馈曾多次联系车间，询问车辆维修情况，均得到“待料，需联系厂家维修”的答复。

故障发生前的3天：同场站兄弟单位驾驶员王某送修维护车辆时，主动询问是否有车辆可接回，被告知此故障车辆已修好可接回，驾驶员签字后将车接回。

故障发生前的2天：同场站兄弟单位通知车主单位

已接回。之后两天故障车辆未运营。

故障发生当天:故障车辆执行商班任务。

3. 现场勘查情况

通过询问人员、调取录像、查询总线数据等方式进行勘查。

(1)控制器局域网(CAN)总线数据和图像记录情况:从8时16分左右,空压机开始不工作,至8时25分持续约10min,气压由7.8bar下降到5.4bar,此时车速约42km/h,低压报警器开始报警。8时28分气压继续降至5.2bar,车速从50km/h迅速降至0,用时20s,此时车辆位于故障位置。从图像看,8时25分左右出现声光报警。

(2)车辆现场勘查情况:一是检查车辆仪表。二是排查压力开关接线,测试压力开关在振动情况下的空压机工作情况。三是对空压机油位、干燥器卸压情况进行检查。四是进行30min静态带负荷空压机打气测试。五是检查车辆气路管线。六是对空压机控制逻辑功能进行测试。七是对电源变换器故障码进行巡检。八是对空压机进行启动测试。九是对车辆互锁功能进行测试。

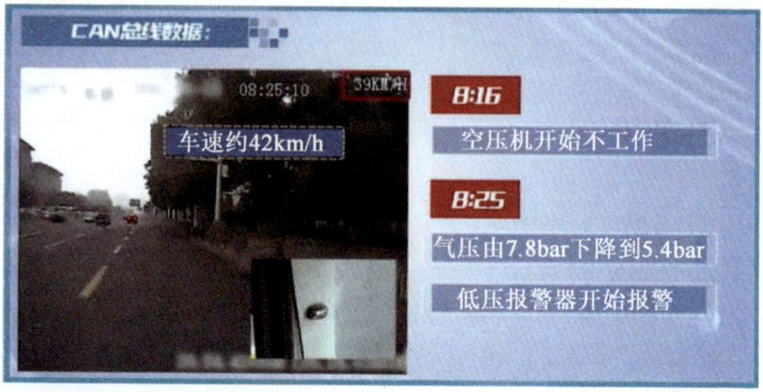
CAN总线数据:
08:25:10
车速约42km/h
8:16
空压机开始不工作
8:25
气压由7.8bar下降到5.4bar
低压报警器开始报警

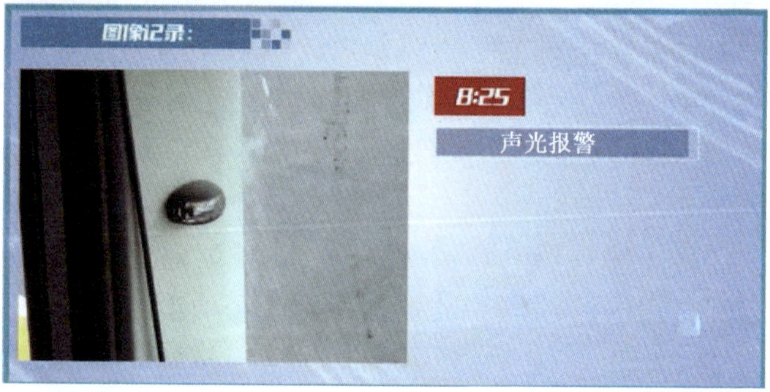
图像记录:
8:25
声光报警

CAN总线数据:
08:28:08
8:28
气压降至5.2bar
车速从50km/h降到0

检查车辆仪表

测试压力开关在振动情况下的空压机工作情况

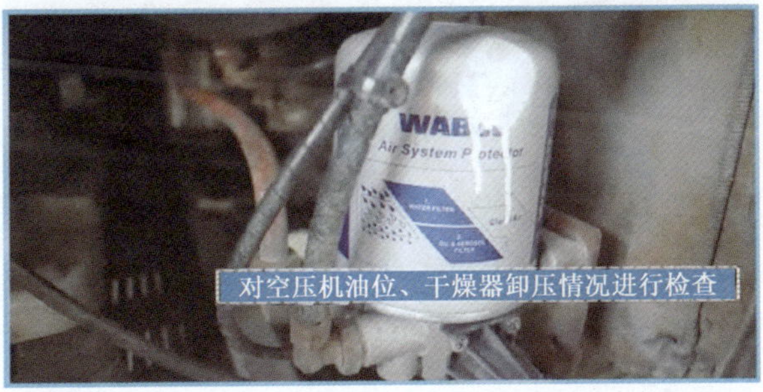
Air System Protector
对空压机油位、干燥器卸压情况进行检查

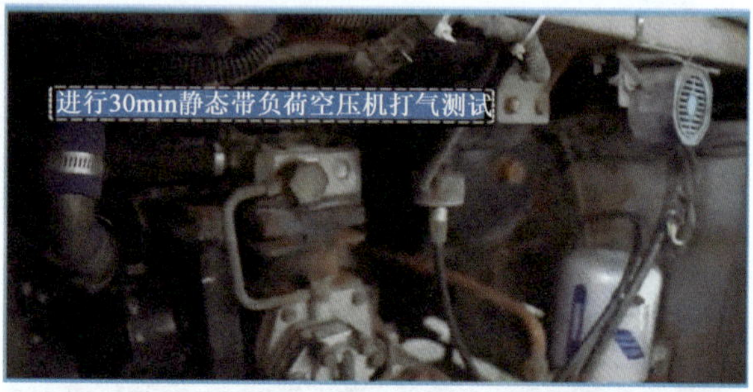
进行30min静态带负荷空压机打气测试

检查车辆气路管线

对空压机控制逻辑功能进行测试

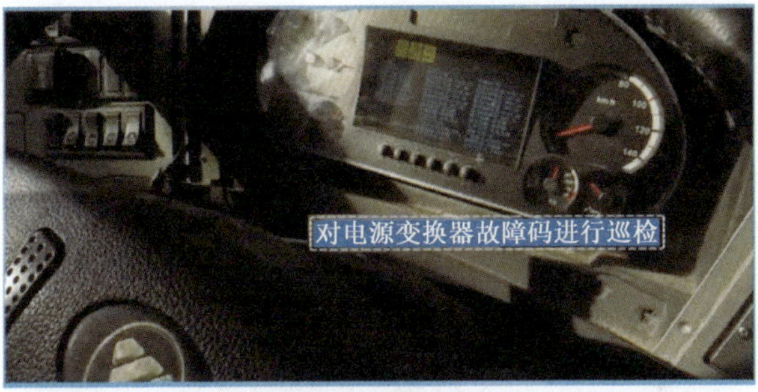
对电源变换器故障码进行巡检

对空压机进行启动测试

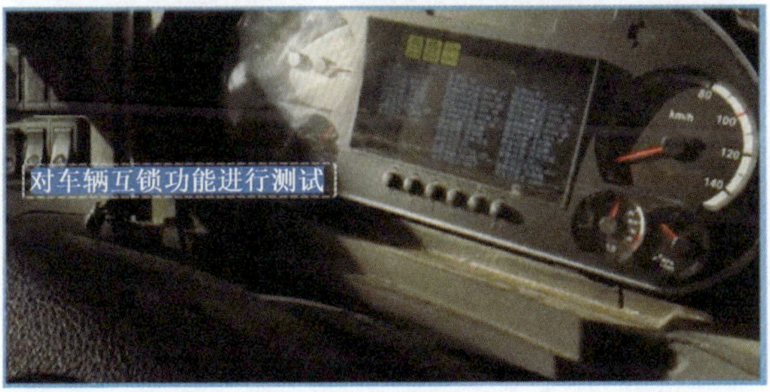
对车辆互锁功能进行测试

4. 事故原因

空压机内部故障导致本体温度过高。在车辆运行过程中,电路启动保护作用,造成空压机停止供气。

三、存在问题

1. 驾驶员执行方面

驾驶员违反《驾驶员手册》中车辆中途坏车故障应急处理相关规定。车辆低压报警器蜂鸣报警后,驾驶员未按规定立即靠边停车检查或报修，在故障未排除前，抱着侥幸心理强行行驶，导致车辆停在重点保障区域内，无法起步。

正确操作规定：按照《公交集团公司关于下发〈常见故障处置指南（驾驶员篇）〉和〈保修工车辆隐患排查与故障诊断指导手册〉的通知》规定中的《常见故障处置指南（驾驶员篇）》第十七条“行驶中听到车辆蜂鸣器报警提示时怎么办？”的要求，车辆行驶过程中听到蜂鸣器报警，应就近选择安全区域熄火、开门、疏散乘客，检查总成零部件故障、气压过低、油压过低、冷却液温度过高、冷却液位过低、燃气泄漏、电池舱灭火报警等故障，及时报修，待专业人员排除后，方可继续使用。

2. 客运管理方面

一是对运营线路特点认识不充分，没有按重点保障区域要求对驾驶员进行重点培训。二是客运保修沟通不畅通，未告知保修单位车辆途经重点保障区域情况，导致维修未按重点线路标准实施。三是对驾驶员的培训教育不到位，驾驶员在执行技术纪律以及应对突发事件上还有欠缺，处置不当，造成影响升级。

正确操作规定：一是按行经重点保障区域的路段线路，对驾驶员进行重点培训。二是客运单位应及时将重点保障区域地区的路段线路行驶车辆信息告知保修单位，按重点线路标准实施重点保障。

3. 保修保障方面

一是前期车辆发生故障后，未查明故障原因便确认修复,导致修复不彻底,这反映出技术能力不足、维修水平不高的问题。二是运保沟通协调不充分,双方对于长时间停在保修车间内的车辆,存在接车管理扯皮、车辆状态管理失控现象。三是抢修救援存在薄弱环节,特别是在重点保障区域救援拖车处置不果断、不规范,未按规定迅速清障,未迅速将车辆拖离故障地点。

抢修救援规定:按照《车辆抢修救援管理规定》第三章第十四条的规定,抢修车组人员接到派工指令后,立即做好相关准备工作并在10min内出车赶赴故障现场。重点保障区域待命车辆及重大活动保障期间定点屯集待命车辆,接到派工指令后应立即出车。抢修车辆出车时要通过800兆电台向调度指挥平台进行报告。

接送车管理规定:按照《车辆维保交接管理规定》第五条的规定,维保车辆出保修厂(车间)交接,在承修单位维修范围之外的项目以查验进厂时车辆及设施的状态(实物状态和功能状态)进行交接,在承修单位维修范围之内的项目以企业的维修标准进行交接。按照《车辆维保交接管理规定》(公交科信发〔2019〕130号)第七条的规定,交接双方必须共同对交接项目逐一进行查看、记录、签字,记录单缺任意一方签字或无双方签字,则视为无效。

四、案例评析

此次公交车低气压报警事件的发生,主要源于驾驶员未按照《常见故障处置指南(驾驶员篇)》的规定,未在第一时间停车并进行故障检查,而是抱有侥幸心理继续行驶,最终导致车辆在重点保障区域停运并造成较大交通影响。事故具体原因是空压机内部故障导致温度过高,触发电路保护功能,导致空压机停止供气。

通过对故障车辆的保修和勘查分析,发现车辆在发生故障前,已多次出现气压异常和空压机工作不正常的情况,但在维修过程中未能彻底排除问题,反映出此过程中人员存在技术能力不足和沟通协调不畅的问题。

此外,客运管理方面存在对驾驶员应急处置培训不足、故障信息传递不及时的问题,导致驾驶员未能正确判断和处置故障,增加了事故发生的风险。抢修救援也存在薄弱环节,特别是在敏感区域的拖车处置上,未能按规定迅速有效地将故障车辆拖离现场,进一步加剧了事故的影响。

总体来看,此次事故暴露出多个方面的管理漏洞,建议从驾驶员培训、故障排查和维修保障、客运与保修单位的沟通协调、抢修救援等多个环节加强管理,提升应急处置和技术支持的能力,以有效预防类似事件的发生,确保公交运营安全和乘客出行顺畅。

案例 2 管理人员未执行有关维修规定引发空调爆炸

一、事故经过

5 月某日 15 时左右，公交车到达末站、乘客全部下车后，驾驶员启动车辆空调，在车辆即将驶入场站时，车顶空调部件突然爆炸，导致部分车窗玻璃破裂。故障发生时，车内无乘客，无人员受伤。车辆自行驶回公交场站。

二、事故勘查情况

1. 车辆情况

车型为某 12m 新能源车型，共计 100 辆。

2. 故障原因

根据该车车顶空调冷凝器、外罩等部件裂损情况，分析事故原因为：空调系统内部介质工作不稳定，产生压力急剧升高引发爆裂事故。这是一起由于执行相关管理制度不到位，造成较大社会影响的机械事故。

三、存在问题

1. 驾驶员操作方面存在未落实出车前安全检查标准情况

此车曾于上一年 10 月发生安全事故，因交通管制，临时改变运营线路，导致车辆顶部与限高杆相撞，造成空调损坏。空调维修后驾驶员未落实出车前安全检查工作，行车中未重点关注空调仪表故障警示。驾驶员应在发现故障或问题后及时关闭空调，回场后及时开展报修工作，严禁驾驶故障车辆上路运营。

正确操作规定：按照《车辆空调系统使用维护管理规

定》的规定，车辆在通过立交桥或低空桥时，要切记注意车顶空调高度，防止撞坏空调。

2. 车队管理方面出现多项管理不到位情况

(1)车辆顶部与限高杆相撞后，车队联系无空调修理资质的整车厂家售后服务站修复空调，更换了空调蒸发芯体、外罩等部件。此事未上报。

(2)车队在知晓服务站没有完成车辆修理的情况下，就接回车辆并继续投入运营使用，造成事故车带病上路。

(3)接回未完成修复的车辆后，车队没有履行事故车修复确认签字手续，就支付了整体维修费用，没有严格执行《剐撞(事故)车辆维修管理规定》。

(4)后期在服务站组织冷媒加注环节，车队技术管理人员也没有开展相关的记录和验收工作，造成过程管理不连贯，出现安全隐患。

正确操作规定：一是选择正规渠道维修车辆。二是履行检验要求，接车后应经检查验收后，方可投入线路运营。三是履行《剐撞(事故)车辆维修管理规定》第九条规定，车辆修复接车时，车队技术专业管理人员应与承修单位人员共同对车辆的维修质量进行验收，对车辆状况和设施进行检查，确认修复合格、设施与送修时一致且无丢失、损坏后方可签字接车。凡车辆剐撞部位未达到修复标准或车辆设施有丢失、损坏的，车队技术专业管理人员有权拒绝接车，并提出复修和赔偿要求。四是按照《车辆空调系统使用维护管理规定》的规定，故障未修复，调度员强行发车或管理人员命令出车的，将追究管理人员的责任。

3. 外协维修方面存在维修检查不彻底情况

（1）未督促空调厂家严格执行公交集团关于5月1日前完成空调夏季开机维护的相关规定。

（2）对于空调故障修复情况未进行彻底检查和试机运行，没能及时发现和清除空调系统不安全隐患。

正确操作规定：按照《车辆空调系统使用维护管理规定》（公交技发〔2007〕349号）的规定，车辆空调冷风系统开启时间为5月1日至9月30日或车厢温度达到26℃以上开启空调冷风系统。即每年5月1日前应完成空调开机维护。

正确操作规定：夯实日常空调管控，定期清洁出风口滤网。结合各级维护加强对车顶空调设施的检查，重点检查空调罩壳周边有无异常烧蚀、冒烟、凝霜、结

冰现象。加强对空调周边异物的清理，彻底清洁树枝、树叶、毛絮等杂物，防止排水口堵塞，影响排水效能。加强对空调系统的绝缘监测，车辆入保过程中增加空调系统各部的绝缘检测环节，对于绝缘不合格的情况立即开具车辆停驶单并向厂家报修，待故障彻底解决后方可运营。

四、案例评析

城市公交企业的车辆维护管理制度对于确保车辆安全、可靠和高效运行至关重要，它直接影响企业的运营效率、服务质量、成本控制和乘客满意度。然而，由于安全意识不足、维护流程不规范、监督机制缺失和资源配置不足，车辆维护管理制度在实际执行中仍存在问题，如出车前安全检查不到位、车队管理不力、维修检查不彻底，这些问题可能导致管理混乱、运营效率低下、服务质量降低，甚至会产生安全隐患。

《中华人民共和国安全生产法》第三十六条规定，安全设备的设计、制造、安装、使用、检测、维修、改造和报废，应当符合国家标准或者行业标准。生产经营单位必须对安全设备进行经常性维护、保养，并定期检测，保证正常运转。维护、保养、检测应当作好记录，并由有关人员签字。

公交车辆维修的不足已成为运营安全的隐患。确保及时、彻底维修好车辆是维护运营安全、保障乘客权益和保护环境的关键。车辆维修不彻底往往源于管理疏忽、纪律松散和工作人员的侥幸心理，这可能导致车辆性能下降、故障率增加、事故风险升高，甚至引发严重事故。

本案例中，管理人员未执行有关维修规定，导致空调爆炸事故，同时也暴露出驾驶员未落实出车前安全检查工作、车队管理不到位和外协维修检查不彻底等问题。

一是为确保公交车辆的安全运营，避免行车中机械事故的发生，驾驶员必须严格执行出车前例检工作。驾驶员在出车前应规范接受培训，重点关注空调仪表的故障警示，发现问题后及时关闭空调，并在回场后立即报修，严禁驾驶故障车辆上路。

二是必须通过正规渠道维修车辆，确保每辆车在投入运营前都经过严格的检验和验收。然而，本案例中的车辆在发生安全事故后，未能得到妥善处理，空调损坏后未进行重点检查，且在未完成修复的情况下继续运营，这暴露了车队管理的多项不到位情况。车队在未确保车辆完全修复的情况下，就急于将车辆投入运营，忽视了事故车修复确认签字手续，违反了剐撞车修复管理规定，增加了安全隐患。

三是外协维修方面也存在检查不彻底的问题。本案例中,工作人员未能督促空调厂家严格执行夏季开机保养规定,对空调故障修复情况未进行彻底检查和试机运行,未能及时发现并清除空调系统的安全隐患。企业应加强检查,确保空调厂家严格执行夏季开机保养规定,对空调故障修复情况进行全面检查和试机运行,及时发现并清除空调系统的安全隐患。

为避免类似事故发生,公交企业应敦促驾驶员严格落实出车前的车辆检查工作,加强车队管理制度执行,健全对外协维修单位的质量监管,确保公交车辆的安全运营。

◁案例3 保修质量不到位引发失火事故

一、事故经过

9月某日10时左右,在车辆行驶过程中,某驾驶员听到车后部有响声,通过后视镜发现车辆后部冒烟,立即停止运营,停车熄火、开启车门、关闭电源总开关,并疏散乘客。在采取以上措施后,驾驶员手持车载灭火器到车辆后部查看火情,发现后机舱下部有火苗,立即使用灭火器灭火,同时拨打119报警,在其他车辆和附近商户的配合下,使用了多具灭火器灭火,但未能控制住火势,期间将火情通报车队。10min左右消防车赶到将火扑灭。事故未造成人员伤亡,机舱自动灭火弹正常起爆、参与灭火。无人员伤亡。

二、事故勘查情况

1. 车辆情况

车型为某16m柴油车型,配备某进口品牌欧四柴油发动机(发动机为原车出厂时装配,未进行过更换或大修,累计运行58万km),事故发生时,车辆役龄8年。

2. 保修情况

7 月上旬某日：二级维护。

7 月下旬某日：报修“掉气压、加速踏板坏、上气慢”，更换干燥罐、分泵，修复加速踏板。

8 月中旬某日：一级维护，报修“喇叭不响、组合开关坏”，更换喇叭、组合开关后修复。

9 月上旬某日：报修“左后轮拔劲”，更换制动气室总成后修复。

3. 勘查情况

事故发生后，公安部火灾事故调查组、市公安局、市消防局、市交管局西城交通支队、刑侦等部门和集团、保修、客运分公司对事故车辆进行了现场勘查，主要情况如下。

（1）车辆整体情况：车辆铰接盘后部地板以上车厢整体过火，轮胎情况良好。其中铰接篷布燃烧损坏，车顶部及后车厢两侧大部分损毁，车后部玻璃爆裂，车顶装饰板、灯具、排风扇全部烧毁，座椅、内饰板及地板全部损毁变形，前车近铰接处顶部装饰板及灯具部分烧毁。后机舱、发动机及机械部分过火。

（2）车辆电路系统：前车电气线束基本完好，蓄电池舱、电源线、电路系统保险均未发现异常；车辆后机舱电子器件基本全部烧毁，机舱线束全部过火，外皮损坏，线束铜线呈裸露状。

车顶部及后车车厢两侧大部分损毁

座椅、内饰板及地板全部损毁变形

机舱线束全部过火
外皮损坏

（3）发动机周边机件：空气压缩机、转向助力泵、起动机、高压泵、高压共轨及高压油管紧固可靠，其外部过火，整体外形及内部机件基本完好；燃油滤清器损毁；高压回油管及低压回油管接头部位残留部件完整，管道全部烧毁；气门室盖靠近发动机后端铝制壳体融化，机油油气再循环系统机件燃尽；其中发动机后部气门室盖与机油油气再循环预分离装置接口处损毁。

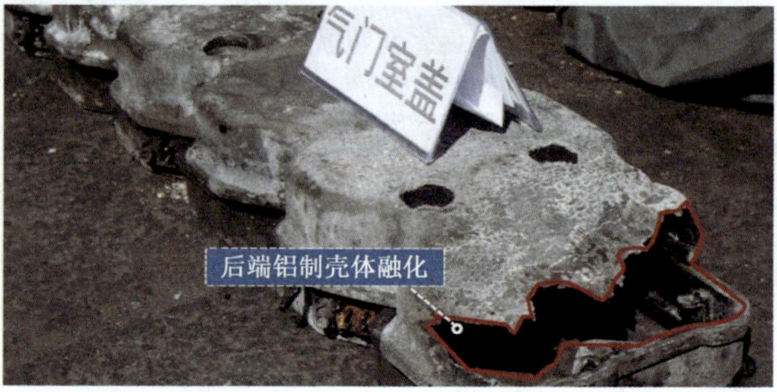

（4）发动机进排气系统：增压器进气口烧毁，排气端外观良好，增压器涡轮轴可手动自由转动；排气管路完好，其隔热棉过火，残留物包裹基本完整；后处理温度传感器烧毁，仅剩检测感应部分。

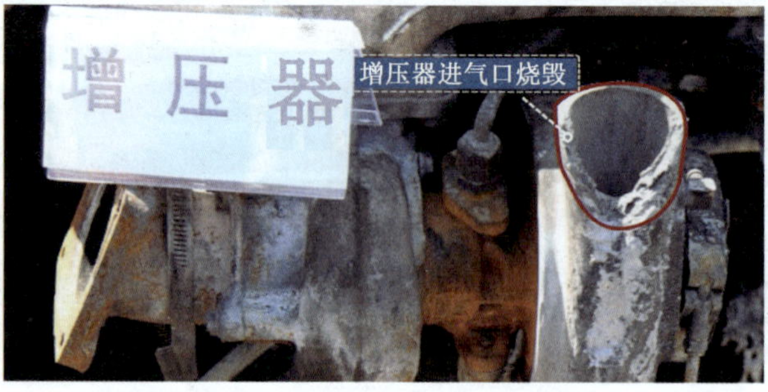

(5)车辆制动系统:供气系统管路全部过火,空气压缩机出气管路从缸盖连接处脱落,冷凝器散热部位变形;后车制动软管全部烧毁,其他制动系统元件完好,制动系统未发现异常过热摩擦痕迹。

(6)其他系统:空气滤清器、冷却风扇及中冷器损毁;变速器变矩器铝制壳体左右两侧及主壳体左侧高温烧蚀出现溶洞,上部表面局部变形。

(7)数据视频系统:调取CAN总线车辆状态记录数据,显示发动机工况正常;同时车载视频记录仪显示车辆是在发动机正常工作状态下产生的火情,火情产生后驾驶员关闭点火,熄灭发动机。

4. 事故原因

通过对车辆各系统部件的检查,以及对人员的调查(包括乘客、驾驶员)、车辆着火时运营状态的分析,情况如下:

(1)驾驶员、乘务员及乘务管理员,无不良记录,对工作较为负责。根据乘务员的反映,当时车上20余名乘客也无异常现象。车辆在开始运行前,驾驶员对车辆进行了正常的例检,未发现机舱内有易燃物品存在。通过以上几种情况分析,可基本排除人为因素造成失火。车内燃烧物送至公安部天津消防研究所火灾取样鉴定,鉴定无异常,排除人为因素。

(2)车辆线束未发现明显短路结瘤痕迹,车辆电路系统未发现异常,车辆保险完好,无烧蚀迹象,能够判断产生火情时电路系统工作正常,排除电气线路故障引起火灾因素。

(3)车辆各部位未发现异常摩擦过热痕迹,排除由于摩擦引起火灾因素。

(4)通过对增压器、打气泵、高压泵等部件检查和拆验,未发现异常,排除由于机件过热引起火灾因素。

认定起火原因为：该车发动机六缸顶部气门室盖与机油油气再循环预分离装置接口处漏油，遇排气系统高温部件起火，继而又将周边柴油回油管引燃，使火势蔓延扩大。公安部专家对同车型车辆进行了模拟实验，验证漏油的可能性，并检测排气系统高温部件温度，证实了该处（发动机顶部气门室盖与机油油气再循环预分离装置接口）在特定条件下能够产生渗油，与排气系统高温部件接触的情况下具备起火条件。

三、存在问题

1. 管理方面

一是车辆技术安全隐患防控工作制度及内控体系建设还不健全。

现有车辆技术安全隐患防控工作制度是经过多年积累逐渐形成的，虽然信息量较大但缺乏系统规范，较多制度是历年来陆续颁布实施的，没有系统分类、汇编成册，不便于培训与执行；有的制度已不符合当前需要，但尚未及时修订；有的风险控制点由于对机件磨损规律认知不足，未在相关制度中予以明确。随着车辆技术不断进步、车型种类不断复杂化等诸多要素的变化，现行的车辆技术安全内控体系已不能适应新形势的要求，缺乏以大数据作支撑的顶层设计和以问题为导向的逆向设计，现行内控体系在系统闭合方面存在漏洞，存在制度标准测量难、评价难、考核难、维护难等问题。

二是车辆技术安全隐患防控工作的技防手段及执行效果还不到位。

控制手段与控制结果的一致性还不强，车辆各级维护作业结果还存在与标准偏离的现象，落实制度、规定还不到位；对于一些已知风险点控制规定执行不彻底，在小修过程中的一报多检不彻底；对于主厂区以外的低保点等作业区域的车辆技术安全管理控制还较为薄弱；对于高危目标（高危车型、高役龄车辆、重点线路等）所采取的控制手段的针对性不强、资源重点投入倾斜不够。

2. 车辆维护方面

车辆各级维护作业结果存在与标准偏离的现象，落实制度、规定还不到位。事故车辆发动机为原车原配发动机，至事故发生时累计行驶 58 万 km，未进行过发动机大修工作。追溯到 2015 年 3 月，车辆共开展过 2 次三级维护，2 次二级维护，7 次一级维护和 9 次修理。按照维护规范，其中上一年3月，在三级维护作业中涉及调整气门间隙，因此，拆解气门室盖时，对机油油气再循环预分离装置进行了常规拆检并复装，其他维护和修理时均为功能性检查。

3. 车辆维修方面

对于一些已知风险点控制规定执行不彻底，在小修过程中的一报多检不彻底，隐患排查不彻底，工作标准不高，责任心不强。

正确操作规定：一是按照《保养制度》第17条第一款，确保通风装置各部件完好，连接紧密、通畅，无泄漏，表面清洁；呼吸器回油管紧固良好。二是按照《保养工艺》要求，确保气门室盖安装牢固、无渗漏，呼吸器完好、连接管路安装牢固无渗漏。三是按照《竣工验收标准》第5条下排气滤清器安装牢固，无裂损、无渗漏的标准进行验收。

四、案例评析

城市公交企业的车辆维护管理制度对于确保车辆安全、可靠和高效运行至关重要，它直接影响企业的运营效率、服务质量、成本控制和乘客满意度。为确保公交车辆的安全运行，避免行车过程中机械安全事故的发生，公交企业必须对车辆进行严格的日常检查和维护。本案例中因保养和维修不到位而引发火灾的事故，再次敲响了警钟。

在该事故中，驾驶员在行驶过程中听到车后部有响声并发现冒烟，立即采取了紧急措施，尽管火势最终被消防车扑灭，没有造成人员伤亡，但起火原因的调查揭示了车辆设计和维护管理中的问题。本案例中起火原因是发动机六缸顶部气门室盖与机油油气再循环预分离装置接口处漏油，遇排气系统高温部件起火，这一问题在特定条件下具备起火条件。

本案例揭示了涉事车辆车型设计存在先天缺陷，特别是在发动机六缸顶部气门室盖与机油油气再循环预分离装置接口处的漏油问题。车辆安全管理必须从源头抓起，严格把控车辆技术标准准入，借鉴公交行业中的先进经验，深入调研以寻找更安全、科学的处理办法，并将这些办法转化为车辆安全硬性指标，写入车辆采购技术协议中，确保新车无潜在安全隐患。

此次事故凸显了管理方面存在的两大问题：首先，车辆技术安全隐患防控工作制度及内控体系建设还不健全，现行制度缺乏系统规范，难以适应新形势的要求，存在制度标准测量难、评价难、考核难、维护难等问题。其次，车辆技术安全隐患防控工作的技防手段及执行效果还不到位，车辆各级维护作业结果与标准偏离，对于已知风险点的控制规定执行不彻底。

在车辆维护方面，事故车辆未进行过发动机大修，且维护作业结果存在与标准偏离的现象，落实制度、规定还不到位。在车辆维修方面，对于已知风险点控制规定执行不彻底，隐患排查不彻底，工作标准不高，责任心不强。

为防止类似事件再次发生，公交企业必须加强车辆技术安全隐患防控工作，完善内控体系，提高技防手段的执行效果。同时，要加强对车辆维修工作的监督，确保所有维护和修理工作严格按照规定执行，不留安全隐患。通过这些措施，公交企业可以提高公交车辆的安全性能，保障乘客和车辆的安全。

案例4 维保空白引发失火事故

一、事故经过

某日7时许，驾驶员发现仪表台附近冒烟，立即停车、关闭车辆电源、疏散乘客，先后使用4具灭火器进行扑救。驾驶员在发现冒烟5min后拨打119报警，消防救援力量接警后3min左右抵达事故现场进行处置，并于10min后将火扑灭。事故无人员伤亡，直接经济损失20万元。

二、事故勘察情况

1. 车辆情况

涉事车型为某型18m双源无轨电车。车辆役龄6年，该型车共有90辆。

2. 保修情况

同年1月：一级维护；
上一年10月：一级维护；
上一年8月：一级维护；

上一年7月：二级维护。

3. 出车例检情况

6时11分36秒，驾驶员刷卡签到、酒测、宣誓、例检签注。

6时17分45秒，驾驶员对车辆进行通电，车辆设备上电，驾驶员查看仪表。

6时18分22秒，驾驶员调试车载电子设备。

6时18分41秒，驾驶员巡查车厢内设施。

6时20分00秒，驾驶员将车辆开至待发区，关闭车辆拔出钥匙。

6时25分18秒，驾驶员下车等候发车。

6时39分00秒，驾驶员上车起动车辆，随后车辆发出。

4. 应急处置情况

7时11分00秒，车内视频监控显示，异常行为分析摄像头处有轻微烟雾冒出。

7时11分15秒，车辆进入某公交站。通过车内监控显示，驾驶员因观看站台及右后视镜情况，未发觉车辆仪表台出现间断烟雾。

7时11分22秒，驾驶员关闭车门后，视线由右后视镜转向左后视镜，此时冒烟停止。

7时11分26秒，驾驶员起步出站，通过视频监控显示车辆仪表台再次冒烟。

7时11分35秒,冒烟逐渐明显。

7时11分50秒,驾驶员发现冒烟。

7时11分54秒,驾驶员停车查看。

7时11分58秒,驾驶员关闭钥匙门。

7时12分02秒,驾驶员开门下车查看。

7时12分06秒,驾驶员到车前侧查看。

7时12分18秒,通过车内视频监控显示发车屏处有轻微火光闪现。

7时12分20秒,驾驶员跑至车辆左后侧切断全车低压电源。

事后通过向当事驾驶员了解,车辆断电后,其取用车内2具灭火器进行灭火扑救,车上两名乘务管理员,其中一人疏散车内乘客,一人跑至公交站台取用另外2具灭火器用于灭火。

5. 抢修救援情况

距事故发生27min后的7时39分,抢修救援服务中心接到故障车辆报修。

7时41分,抢修调度平台启动“双向派车”应急措施,分别派2-33号清障车和2-34号清障车携带“车衣”前往救援。

8时07分,两部清障车同时到达故障车现场,立即实施抢修救援。

8时26分,2-33号清障车将故障车拖移现场,由于车辆气路管路已烧损,无法进行充气,故障车辆中轮发生拔劲现象。为降低故障车给路面交通造成的拥堵影响，清障车采取强制拖移。

8时30分，2-33号清障车将故障车拖移停靠至较宽的路边，清障人员对两个拔劲的中轮进行解除驻车制动作业。

8时40分，完成解除驻车制动，随后进行第二次拖移。

8时57分，将故障车辆拖移到保修车间。

6. 勘查情况

(1)低压蓄电池舱：低压蓄电池完好无损，舱内线束、配电盒未见异常，保险盒内各部保险未见烧蚀现象。

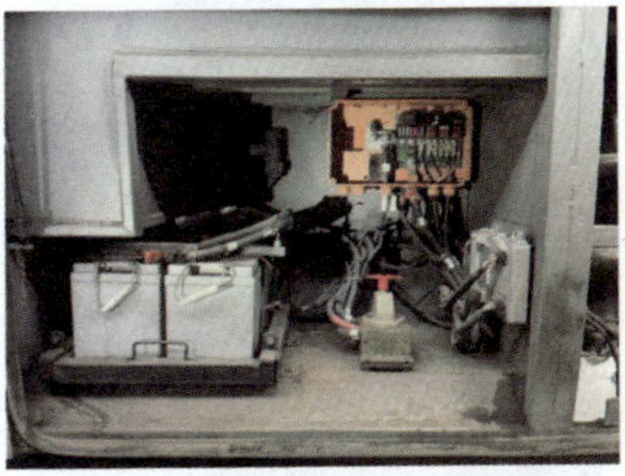

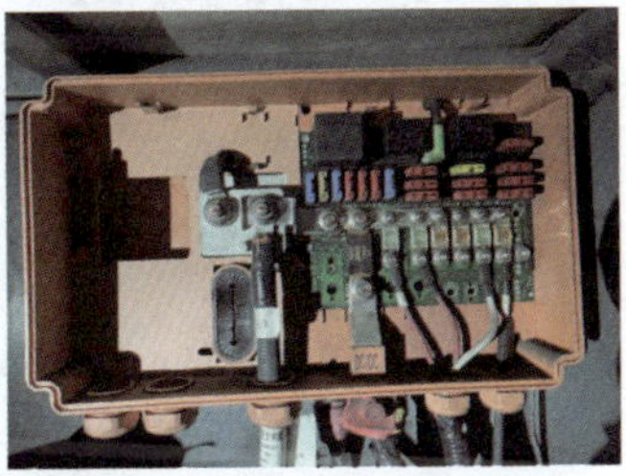

(2)底盘线束：底盘线束捆扎固定，通向仪表端的线束未见过热、烧蚀等异常现象。

(3)车辆前部左侧下方电器舱：车辆前部左侧下方电器舱内线束完整，舱内前控模块、防抱死制动系统(ABS)

模块完好无损，未见异常现象。

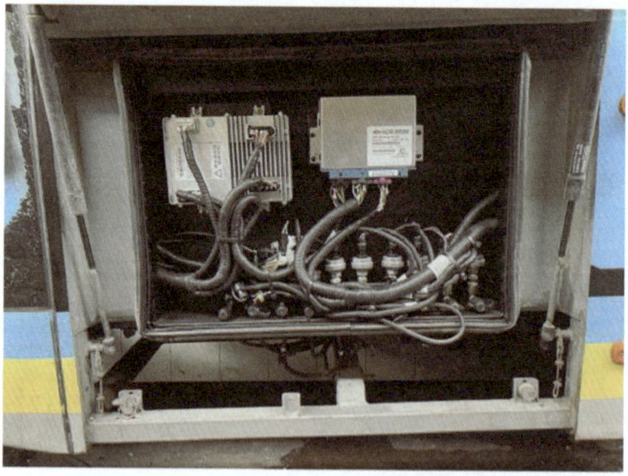

（4）锂电池：整车锂电池及高压线束完好无损，未见异常现象。

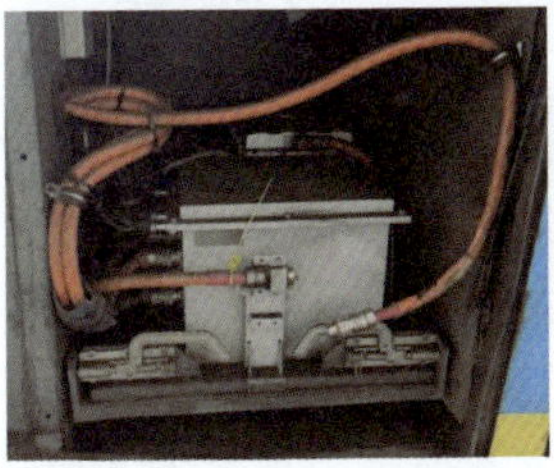

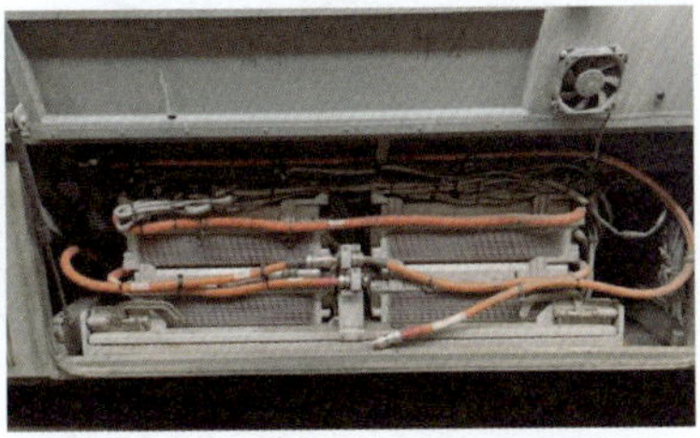

(5)驾驶员后围栏电器舱:驾驶员后围栏电器舱线束部分外皮烧蚀碳化,局部铜线被烧蚀裸露,电子控制空气悬架系统(ECAS)控制盒、指令采集器及存储模块外壳完整,存在局部烧蚀碳化痕迹,保险座相对完整,存在局部烧蚀碳化痕迹,保险齐全,保险片顶部存在烧蚀碳化痕迹。

涉事部件

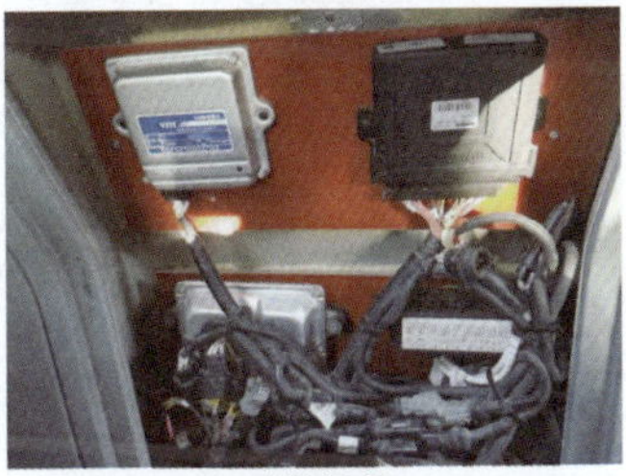

正常部件

(6)仪表台电器及线束。

①通过对故障车辆仪表台主干线束走向进行梳理,详细查看分析线束烧蚀情况,主干线束整体存在过火痕迹,局部外皮烧蚀碳化,线束中部位置烧蚀较为严重,部分铜线裸露,未见短路烧蚀瘤点痕迹。

涉事部件

正常部件

②对组合仪表及仪表线束进行详细查看分析，组合仪表外壳烧毁，内部电路板烧蚀，仪表线束外皮烧蚀碳化。

涉事部件

正常部件

③对故障车辆倒车监视器进行详细查看分析，倒车监视器显示屏完全烧蚀碳化，倒车监视器电路板烧蚀，倒车监视器中间两路视频线插头残留，线束烧蚀严重，两边两路视频线束及插头烧毁。

涉事部件

正常部件

④对换挡器及其线束进行详细查看分析，换挡器被烤变形，换挡器线束外皮完整。

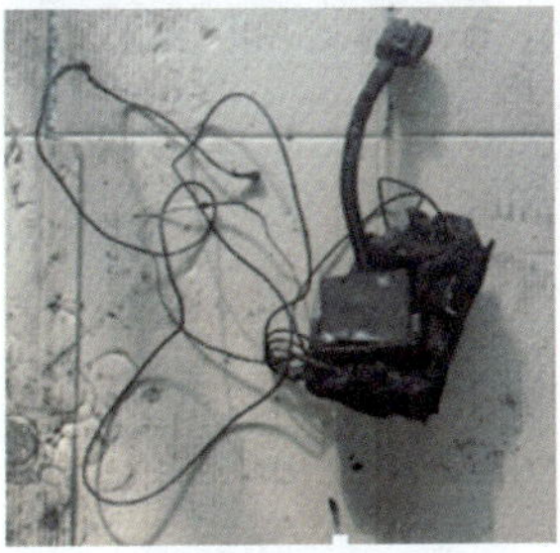

涉事部件

正常部件

⑤对仪表台周边的翘板开关及线束进行详细查看分析，驾驶员灯开关、厢灯开关、除霜开关、危险报警开关、气囊控制开关、路牌开关、前后雾灯开关、ABS诊断开关、车载自动诊断系统（OBD）诊断接口、机组电源开关、油泵开关、气泵开关、集电杆升降开关、前门开关、灭火器开关、换气扇开关、排污开关、中后门开关全部熔化烧毁，线束外皮烧蚀碳化，铜线裸露。

涉事部件

正常部件

⑥对车载终端及线束进行详细查看分析，设备被烤化，线束外皮烧蚀碳化，铜线裸露。

涉事部件

正常部件

⑦对故障车辆驾驶员行为分析仪线束进行详细查看分析，整根线束存在过火痕迹，线束中间位置烧蚀严重，局部有缺失，长度约 10cm，线束外挂 3A 保险完好无损。

涉事部件

涉事部件

正常部件

⑧对故障车辆报站器(线路保险规格 1.5A/250V)进行详细查看分析，报站器面板完全烧蚀碳化，铝壳底部有烧蚀缺口，内部电路板烧蚀严重且软化，报站器线束烧蚀严重，有部分铜线残留。

⑨对故障车辆三合一显示屏、主机及线束(带屏报站器)进行详细查看分析，三合一显示屏与其电路板烧蚀粘连，存在局部烧蚀碳化痕迹，线束中间局部烧蚀严重，铜

线裸露,线束外挂保险外壳局部烧蚀,保险丢失,规格不详。

涉事部件

正常部件

涉事部件

正常部件

涉事部件

正常部件

⑩对驻车制动器操纵杆进行详细查看分析,驻车制动器操纵杆为机械开关,被烧蚀的熔化物覆盖。

涉事部件

正常部件

⑪对集中润滑控制器进行详细查看分析,控制器被烤化,线束外皮烧蚀碳化、铜线裸露。

涉事部件

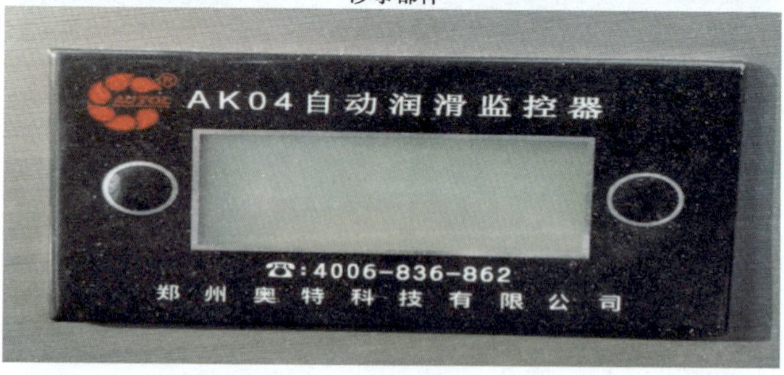

正常部件

⑫对分线指示灯、分线按钮、空调面板、动力电池灭火器开关及线束进行详细查看分析，翘板开关被烤化，线束外皮烧蚀碳化、铜线裸露。

涉事部件

涉事部件

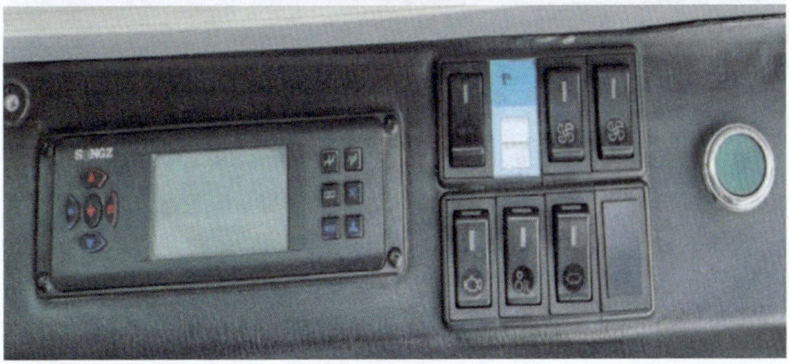

正常部件

⑬对故障车辆除霜器进行详细查看分析，除霜器出风管路完全烧蚀碳化，除霜器外壳存在被熏烤痕迹，各接线柱完好，内部风机外观完好，除霜器高、低压线束存在局部烧蚀痕迹。

涉事部件

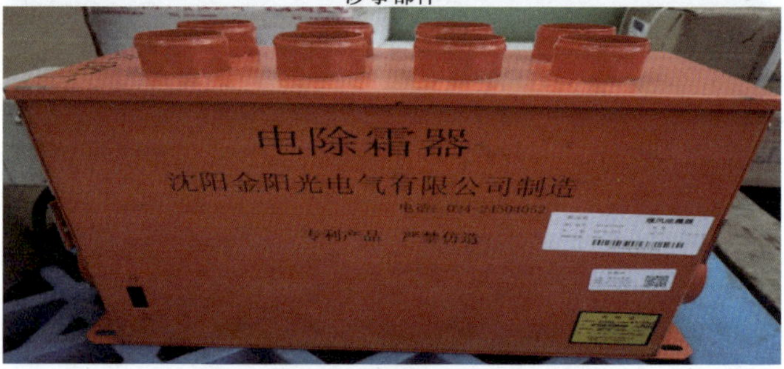

正常部件

⑭对刮水器及线束进行详细查看分析，刮水器完好、刮水器电机完好，线束外皮部分被烤，部分线束铜线裸露。

⑮对屏蔽门控制器及线束进行详细查看分析，屏蔽门控制器完好，线束外皮部分被烤，部分线束铜线刮水器。

涉事部件

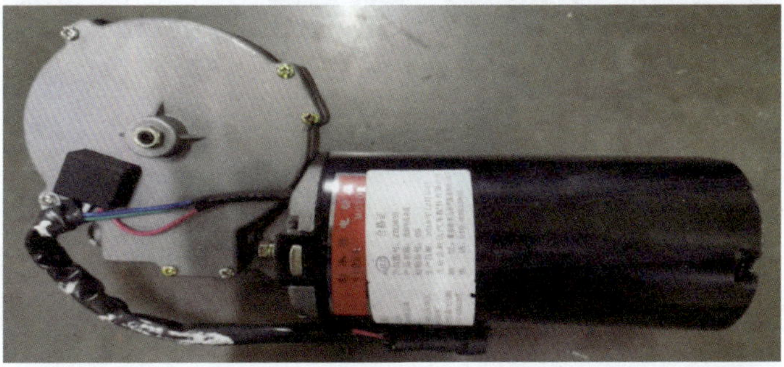

正常部件

涉事部件

正常部件

⑯对视频分割器及线束进行详细查看分析，视频分割器烧蚀碳化，线束外皮部分被烤，部分线束铜线裸露。

涉事部件

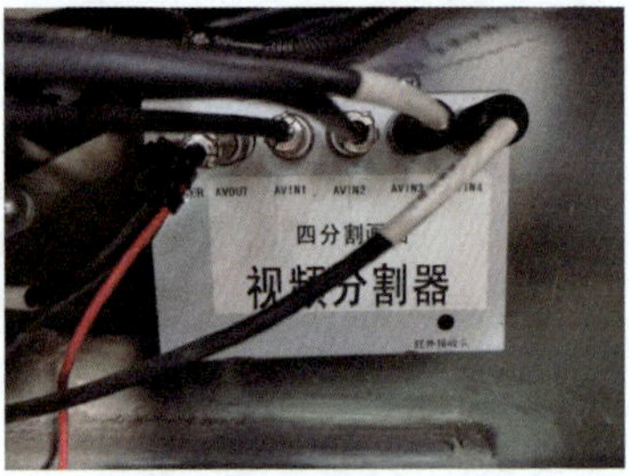

正常部件

(7)仪表台周边低压线束电路分析。

通过保险座提供 24V + 电源的包括：组合仪表、组合开关、车门翘板开关、报站器、三合一主机、车载控制器、车载终端、刮水控制器、升降杆翘板开关。

通过前控模块提供 24V + 电源的包括：换挡器、倒车监视器、前照灯光、驾驶舱灯光、空调面板、OBD 诊断口、集中润滑控制面板、空调断电开关。

其他的为负控电路，包括灯光开关、空气悬架开关等。

综上所述，现场勘察的总体情况为：车辆前部过火，仪表台中部区域线束损毁严重。读取车辆 CAN 总线数据记录显示，事发前车辆行驶正常、开关正常、高压电器运行参数正常，无 CAN 线报警记录，事发时数据记录中止。调取车载视频记录显示，7 时 11 分 15 秒开始，驾驶员正前方的出风口开始出现烟雾，7 时 11 分 28 秒从站台发出后烟雾明显增加,7 时 12 分 22 秒驾驶员对车辆断电,视频停止记录。断电前,自驾驶员仪表中台区域监控器底部看见火苗。

7. 原因分析

(1)消防火灾事故认定情况。

属地消防救援支队出具火灾事故认定书,认定起火原因为:该起火部位位于车内仪表台中部,为电气线路故障所致。

(2)北京市车辆起火事故联合调查组认定情况。

公交车仪表台下方线路繁多,均使用塑料软管护套保护,全部线路采用扎带固定于横梁上。当线路的工作环境温度升高时,载流量会减小,线路长时间在超过安全载流量的状态运行,电流热应明显增强,导致线路温度持续升高,破坏绝缘后,引燃塑料护套从而引发火灾。

三、存在问题

(1)车辆设计存在问题。事故车型在前仪表台区域受“鲶鱼”车型所限空间狭小,线路繁多、布置紧凑、线束弯曲较多,检修口少且相对较小,增加了火灾初期的施救难度,仪表台防火安全设计等级相对较低,加剧了火势蔓延。

(2)制度要求落实不到位。客运企业虽然按照规定要求,对加装在车辆上的电子设施进行了安装过程管理,对车载电子设施委托外部单位进行运维,但对质量的监督检查力度不够,在工作措施的落实、执行、监管上还不到位。

正确工作流程：一是按照《公交运营车辆车质车容管理规范》的第二十四条规定，参照《公交车辆总成零部件质保管理制度(试行)》文件，客运、保修单位履行各自负责项目，与外协单位做好沟通，做好维修监控、修复后验收管理。按照《公交运营车辆车质车容管理规范》的第二十五条规定，客运、保修各单位要按照集团公司要求，建立健全外协单位维修质量监督机制，立足运营生产，逐步建立完善预防维修和质量保证体系，确保满足运营需求。二是按照《车辆、机电设备节检管理规定》中对信息化设施路腰尾牌、信息屏、车载IC卡机具等要求执行。

(3)隐患识别排查不彻底。客运企业对外协运维单位的监管不到位，造成在车辆线束的捆扎固定方面存在隐患，且在前期的多次安全整治中，对于隐患的排查治理不彻底，未能有效识别，缺乏适配的检查设备和手段，车辆维修检查存在盲区。

(4)仪表台内线束维护项目有空白。在车辆维修项目中无检查仪表台内线束内容。

(5)培训教育有盲区。客运单位对驾驶员、外包单位的乘务管理员安全教育培训监管不严，培训教育实际效果验证不够，未将乘客引导至远离危险点的乘客门疏散，乘务管理员在紧急情况下不会使用车门应急开启装置，应急处置能力培训还存在薄弱环节。

正确工作流程：各车型的车辆使用说明书中，均有对车门紧急开关(车门截止装置、节气阀)的使用说明，遇到紧急情况，或电器、气路失灵时，应先切断电源，再使用应急开关。应急开关，驾驶舱仪表台处有一个，车门内有一个、车门外有一个。

四、案例评析

本案例提示了公交企业在车辆安全管理方面还存在一些需要改进的地方。

一是，要协同整车制造厂，优化车辆设计，提升安全性能。针对仪表台空间狭小、线束拥挤的问题，建议重新设计仪表台结构，扩大空间，优化线束布局，减少线束弯曲，增加检修口的数量和尺寸，方便日常检查和维护。增加仪表台防火材料的厚度和防火性能，降低火势蔓延风险。选用更高等级的线束材料，增加线束绝缘层厚度，提高线束散热性能，降低线路温度升高风险。

二是，要进一步完善制度，强化监管。要建立健全外协单位管理机制，加强对外协单位的过程监管。完善车辆维修制度，将仪表台内线束检查纳入车辆维修项目，定期进行检查和维护，及时发现和消除安全隐患。

三是，要加强隐患排查，提升应急能力。尝试引入先进检测设备，如红外线测温仪、超声波探伤仪等检测设备，对车辆线束进行定期检测，及时发现线束老化、破损等问题。重视对加装电子设施的定期检查，确保安装质量符合安全标准。

四是，要加强安全教育培训，切实提升驾驶员、乘务管理员安全意识和应急处置能力。制订完善的应急预案，并定期组织演练，确保在发生火灾等紧急情况时能够及时有效地进行处置。

案例5 强行驾驶带病车继续行驶引发失火事故

一、事故经过

2月某日18时10分许，某驾驶员驾驶载有3名乘客的公交车在运营过程中，听到车辆后机舱异响，随即靠边停车、关闭车辆电源、疏散乘客。驾驶员下车查看时发现车辆排气管处喷火，当即取出灭火器，在准备灭火并进行汇报过程中，排气管明火消失。

驾驶员向技术队长贵某汇报后，按技术队长指示用纯电动模式将车辆开回场站，待进一步检查。18时24分，车辆行进至较繁华路段，车厢内发生闪爆，驾驶员通过后视镜发现车辆后机舱出现明火，立即靠边停车、关闭车辆电源，使用车载灭火器灭火，并拨打119报警。恰有一辆路过事发地的载客公交车停车协助进行灭火救援。

18时29分，消防救援力量到达现场进行处置，18时33分火情处置完毕。19时9分，公交抢修车到达，于19时17分将车辆拖离现场。

事故未造成人员伤亡，直接经济损失0.7万元。

二、事故勘查情况

1. 车辆情况

涉事车辆为某型气电增程车，配备某国产发动机，事发时车辆役龄5年。该型车共200辆。

2. 保修情况

同年1月28日：二级维护。
上一年11月19日：一级维护。
上一年10月9日：一级维护。

3. 现场勘查情况

经现场勘查事故车辆：

(1) 车身外观良好，发动机机舱内顶部有过火痕迹，机舱内中间、左侧上部区域过火程度稍重；部分线束、橡胶管类受热融化。

(2)动力电池舱各部位完好,机舱内各线束无短路、虚接等结瘤痕迹,可排除高低压电路原因。

(3)对燃气系统气化器、燃气供给管进行检测,气化器效能正常,燃气供给管靠近发动机进气共轨管一端管身有泄漏现象。

(4)读取车辆 CAN 总线数据记录显示,事发前车辆行驶正常、开关正常、高压电器运行参数正常,无 CAN 线报警记录。

(5)读取发动机故障数据记录显示,发动机存在排气温度高及燃气压力高故障码。

4. 事故原因

(1)消防部门火灾事故认定情况。

当地消防救援支队出具火灾事故简易调查认定书认定起火原因为:发动机舱内液化天然气(LNG)管线破损,天然气泄漏积聚达到爆炸极限,遇静电火花发生爆燃所致。

(2)北京市车辆起火事故联合调查组认定情况。

车辆内天然气管路发生泄漏，导致供应发动机工作的天然气不足，未充分气化的液态天然气进入发动机，并在未充分燃烧的情况下排出排气管，在排气管外形成喷火，引发车辆第一次起火；管路内液态天然气膨胀加剧管道破裂，大量天然气从管道破裂处泄漏并与空气混合达到爆炸极限，遇静电引发车辆第二次爆燃起火。

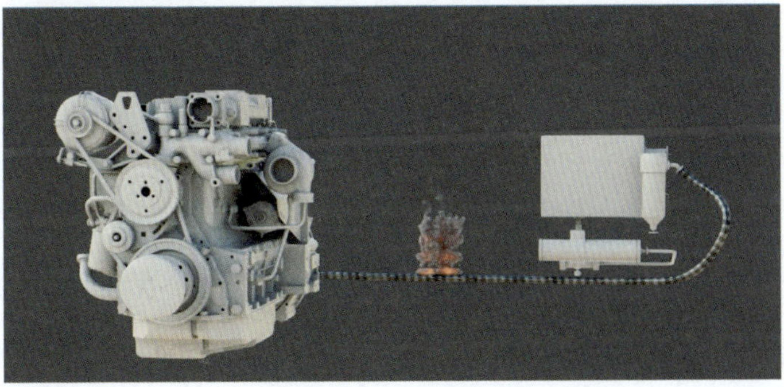

三、存在问题

1. 车辆设计存在问题

涉事车型先天设计存在缺陷，燃气系统设计缺少低温状况切断装置，车辆控制逻辑也存在设计缺陷，增加了车辆事故风险。

2. 制度规定落实不到位

车辆安全防范意识不强，学习贯彻落实车辆安全视频会议精神入脑、入心不够，执行不彻底、不深入，对于技术纪律和制度规定的执行不到位、落实不彻底。

(1)驾驶员在行车前未按规定对车辆进行例检。驾驶员执行车辆例检制度流于形式，未落实对车辆后机舱等重点部位的出车前检查。驾驶员驾驶故障车行驶过程中，反映出在车辆安全防范、应急处置能力上还有短板。

正确操作规定：按照《驾驶员新能源车辆例检通则(试行)》执行。第1.5条款要求，驾驶员在任何时候发现车辆存在的问题或隐患应及时报修，坚决不开有故障或故障隐患的车辆上路运营。第2.1.2条款要求，打开LNG加气小门，检查加气面板。加气嘴护套完好无缺损，安全可靠；气瓶压力机械表正常显示值为0.6～1.3MPa。第2.2.1条款要求，检查发动机机舱，舱内无漏油、漏气、漏电、漏冷冻液等“四漏”现象。第2.9.2条款要求，检查LNG泄漏报警器有无报警或故障提示，发现故障应及时报修。

(2)车队技术队长未采取有效技术手段排除车辆事故隐患。在遇到突发事件时，驾驶员在听到车辆后机舱异响且靠边停车后未打开后机舱进行进一步检查，技术队长未深入了解现场情况，凭经验指挥，未严格执行“三不准”技术纪律，指挥驾驶员采用纯电模式继续驾驶故障车辆在道路上行驶。驾驶员在行驶过程中，精力不集中、未注意到报警声音，引发车辆第二次起火，造成重大影响。

正确操作规定：按照《公共电汽车运营驾驶员岗位要求》的 C.30 要求，车辆行驶中蜂鸣器报警提示，说明车辆某个总成机件发生故障，应立即停车检查或报修，故障未排除严禁行驶。出现故障的原因有，车速过高、发动机转速过高、气压过低、油压过低、冷却液温度过高、冷却液位过低等。按照《公共电汽车运营驾驶员岗位要求》的C.33要求，行车时发现异响异味须停车检查。在没有判明发生部位及没有排除故障时，应就地待援，不得继续行车。按照《公共电汽车运营驾驶员岗位要求》的 C.37 要求，当遇有车辆冒烟或火情时立即靠边停车熄火，同时启动客门断气开关，迅速打开车门，疏散乘客，切断电源、燃油、燃气总开关，取下灭火器扑救，就近寻求帮助并迅速向 119 报警，向单位领导报告（按照规定，准备好灭火器，做好灭火准备，前置式发动机应从发动机底部和发动机舱盖缝隙处进行扑救。后置式发动机应打开后机舱门，对准起火点进行扑救）。

按照《关于重申“不准车辆带病行驶”的通知》文件第 1 条要求执行，车辆行驶中发现异响异味，必须即时靠边停车，故障问题没有排除解决，严禁继续行驶。按照《关于重申“不准车辆带病行驶”的通知》文件第 4 条要求执行，任何部门和人员，都不得让带病车上路和继续行驶，否则将进行责任追究。

（3）隐瞒第一次起火情况。在调查初期，车队技术队长指使驾驶员隐瞒车辆在爆燃前 14min 曾发生排气管喷火、发动机舱内起火情况。

正确操作规定：按照《中华人民共和国安全生产法》第八十三条规定，生产经营单位发生生产安全事故后，事故现场有关人员应当立即报告本单位负责人。单位负责人接到事故报告后，应当迅速采取有效措施，组织抢救，防止事故扩大，减少人员伤亡和财产损失，并按照国家有关规定立即如实报告当地负有安全生产监督管理职责的部门，不得隐瞒不报、谎报或者迟报，不得故意破坏事故现场、毁灭有关证据。

(4)应急处置不力。事故车辆第二次起火后，驾驶员将车辆停在人员密集的繁华路口旁，另一辆载有乘客的公交车驾驶员将车辆停在事发车辆旁边协助开展救援，如 LNG 爆炸极易引发次生灾害、造成周边人员伤亡。

3. 车辆交付材料不完整

车辆设计交付存在隐患，发动机生产厂家明确 LNG 管路使用期限为 5 年，整车厂在交付车辆时未向车辆运营单位明确 LNG 供气管路的更换要求。

4. 维护制度不健全

对涉事气电增程车型新技术、新产品的升级变化、性能掌握不充分，使用规律和寿命周期掌握不够，维护制度作业项目及标准借鉴传统车型且修订不及时，未将 LNG 供气管路更换要求纳入日常维护项目中，车辆维修检查存在盲区。

5. 车辆维护不到位

车间在实施车辆的维护及小修作业过程中，均未更换 LNG 供气管路，对车辆故障特别是发动机非现行故障码信息关注度不够，未及时采取有效维修手段，存在维护制度中部分作业项目执行不到位现象。

四、案例评析

近些年，公交车辆安全运营形势越来越严峻，国内屡有发生车辆自燃等安全事故，给人们的生命财产造成了重大损失。确保公交车辆技术状况良好是保障车辆安全运营的基础，对于保障公共交通安全、维护乘客利益和保护环境至关重要。传统车辆的行驶系统、制动系统、转向系统、电气线路以及新能源车辆的动力电池、控制系统、高压舱等存在的故障，都是威胁车辆安全的主要风险源。要保证车辆的安全行驶就必须保证以上系统不“带病”运行。车辆“带病”运行，往往是因为运营单位管理不严，纪律松懈，人员存有侥幸心理所致，驾驶带病公交车辆上路的危害包括但不限于以下几点。

(1)安全隐患：车辆故障可能导致制动踏板失灵、转向困难、轮胎爆裂等紧急情况，增加交通事故的风险。

(2)乘客安全：故障车辆可能在行驶中突然抛锚或失控，危及乘客生命安全。

(3)经济损失：车辆故障可能导致额外的维修费用，

甚至可能因事故造成更大的经济损失。

(4)服务中断：带病行驶的公交车辆可能随时需要维修，导致公交服务的不稳定和中断。

(5)法律责任：驾驶员和公交企业可能因违反安全规定而承担法律责任，包括罚款和刑事责任。

(6)影响信誉：频繁的故障和事故会损害公交企业的声誉，降低乘客对公交服务的信任度。

(7)环境污染：车辆故障可能导致排放超标，增加对环境的污染。

为保证车辆运行安全，避免发生行车安全事故，如果行车时发现异响异味，必须停车查验，在没有判明发生部位、故障没有排除时，不得继续行驶。

本案例还暴露了涉事车辆车型设计存在先天缺陷。车辆安全管理必须坚持从源头抓起，把好车辆技术标准准入，借鉴公交行业中先进的经验，同时深入调研寻找更安全、科学的处理办法，并将对应的处理办法转化为车辆安全硬性指标写入车辆采购技术协议中，确保新车无潜在安全隐患。

此外，先进的维护技术对车辆稳定运行具有重要意义，通过多种途径加强维保团队的整体技术实力，制定科学的车辆维保制度是指导保修工开展车辆维护工作的基础。一是要坚持“请进来、送出去”的维保技术人才培养机制。挑选骨干维保人员赴厂方进行实地学习，邀请厂方技术人员进行面授培训，同时保修部门还可以与相关职业院校建立合作伙伴关系，安排维保人员到院校进一步深造学习，帮助其掌握先进的维保技术，从而提高车辆维保的整体水平。二是要建立健全各型车辆的维保作业工艺规范及日常检查制度。随着混合动力、纯电动等新车型的加快投放运营,制订新车型各级维护工艺规范显得尤为迫切。

案例6　不在意重点地区发生的小故障引发大影响

一、事故经过

4月某日19时10分左右，某辆气电增程公交车行驶至重点保障区域时，驾驶员听见左后轮发生异响，随即下车查看，驾驶员为防止着火使用1具灭火器。无人员受伤。

19时51分清障车到达现场实施救援，20时06分故障车自行驶离现场，清障车跟随。

二、事故勘查情况

1. 车辆情况

涉事车辆车型为某型气电增程，事故发生时车辆役龄4年，装配某国产车桥、制动器。在用该型车共300辆。

2. 保修情况

同年3月下旬：一级维护。

同年 3 月上旬：二级维护。

同年 1 月上旬：一级维护。

近期未发生制动系统故障报修。

3. 现场勘查情况

(1)检查车辆外观。左后轮位车身外观完好；轮胎轮辋外观完好；制动器周边管线外观良好，无过火迹象。车辆回场后，于 21 时 23 分测量左后制动盘温度为 64℃，右后制动盘温度为 37℃，左后制动器有拖滞升温现象。

(2)检查制动器。测量制动盘工作面厚度为 41mm；内侧摩擦片厚度为 21.50mm，外侧摩擦片厚度为 20.70mm，符合技术要求。拆解发现制动盘、摩擦片有明显受热变色现象；推板防尘套过热破损；卡钳与支架滑动自如，可排除制动器引起。

左后制动盘高温痕迹明显，右后制动盘无高温痕迹；左右后制动气室复位弹簧断裂。

（3）检查干燥器。车辆制动管路干燥器已维护。

(4)检查关联制动系统。车辆制动管路系统正常，空压机工作正常，各制动阀工作正常，拉手动放水阀无污水排出。

(5)读取行车记录仪 CAN 数据。车辆在发生故障前 CAN 总线记录车辆气压显示约为 0.83 ~ 0.85MPa，车辆停止 1min 后 CAN 总线记录车辆气压显示为 0.92MPa。供气系统泵气正常。

(6)检查轮胎。左后里胎胎侧破裂，轮胎年份为 2022 年第 39 周，符合年限标准。解体轮胎检查，轮胎内部无修补痕迹，外部无刮伤等异常。

(7)测试制动轮缸。测试制动轮缸的储能气室供气时有压缩空气窜入制动气室，存在异常。

4. 事故原因

在行车过程中，因左后制动气室故障，发生窜气，导致车辆制动器拖滞拔劲。车辆制动器拖滞后升温，因内胎散热条件差、升温快，引起左后里侧轮胎压力升高，造成距制动器近端的左后内侧轮胎破裂并产生异响和扬尘。

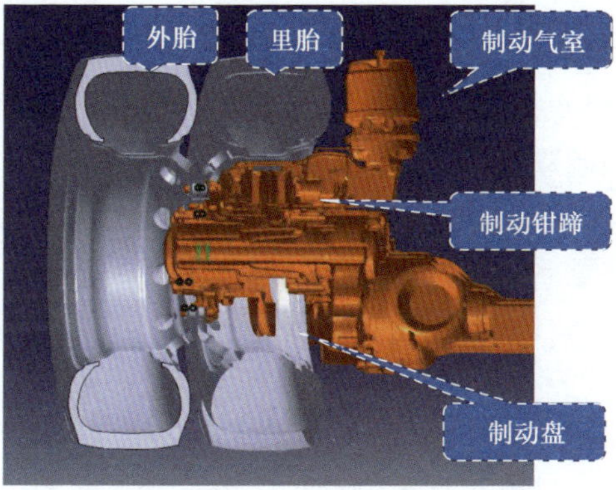

三、存在问题

1. 驾驶员技能素质方面

对于车辆技术状况的掌控能力有限，车辆由制动拔劲升级为爆胎事故的过程中，没有及时发现车辆的异常状态。

正确操作规定：按照《常见故障处置指南（驾驶员篇）》第三条的要求，驾驶员驾驶车辆时应做到："勤观察、留心听、嗅气味、辨感觉"。即，要时常观察车辆仪表变化，遇仪表报警要及时发现，采取措施；留心听清各种车辆警报，听到报警、异响要提高警觉；提高对异味的敏感，闻到烧糊、烧焦等气味要及时停车排查；起步、制动要提高敏感，车辆行驶阻滞应能够察觉，必要时停车检查。按照《常见故障处置指南(驾驶员篇)》第十二条“行驶中看到轮胎拔劲冒烟时怎么办?”的要求,车轮冒烟时应缓慢减速选择安全区域停车,疏散乘客车轮温度过高时应采用静置降温,严禁使用冷水降温,并及时报修,协助乘客倒乘。《常见故障处置指南(驾驶员篇)》的附件1中描述了车辆制动拔劲时的感觉,起步时,有加油拖拽之感;低速时,有跑偏夺轮之感;将停时,有断崖停顿之感(出现以上感觉到制动生烟,在一瞬之间,果断停车是关键;若异常升温,静置降温是重点)。

2. 保修工技能素质方面

保修工对于车辆关键部位的维护力度不足。

正确操作规定:按照《保修工车辆隐患排查与故障诊断指导手册》第十一条要求,制动系统预检包括气路走向合理无干涉、动态监测符合技术标准;制动气路系统无漏气;制动灵敏有效,不跑偏,解除制动迅速,不拖滞。电脑检测工作为删除非活跃故障代码,排除活跃故障。制动盘检查与测量要求为制动盘工作面应清洁无油污,表面光滑平整,无裂纹及明显沟纹;需使用外径千分尺检测制动盘摩擦面、边缘凸缘的厚度及制动盘剩余厚度;制动盘安装螺栓的扭紧力矩应符合相关标准。检查制动钳时,需确保导向销径向间隙符合规定,同时制动钳支架安装螺栓的扭紧力矩应满足相关标准要求。

3. 车辆技术管理方面

(1)职工安全意识、责任意识还不强,制动拔劲这一常见病没有引起各级技术管理人员的高度重视，没有拿出切实有效的措施，彻底根治制动拔劲问题。

正确操作规定：一是保修工在车辆维修过程中，严格按照维修制度规范、强化重点项目维修作业规范和作业指导，落实各级别维修对制动器及其控制机构的深度检查。二是加强对影响制动性能的关联系统、上下链路部件的维护检修。重点加强制动系统各密封件的检查，确保防尘套和密封盖齐全完好，减少因防尘套和密封盖的损坏而造成自动间隙调整器失效、浮动钳与滑动销之间滑动阻滞过大，严格执行相关制动器维护的各项标准和要求。三是二级及以上维护拆下制动气室，检查与钳体间的密封圈，检查顶杆运动轨迹，检查通气孔，安装时分次拧紧固定螺栓。四是进一步加强车辆质量验收，针对制动系统故障要进行全过程的质量监控，安排专人负责验收，及时解决车辆问题与隐患。五是强化对整车 CAN 线数据监控分析系统内车辆报警数据的关注，及时发现问题，解决隐患。

(2)制动气室处于质保期内，集团公司未能及时与厂家沟通相关问题，敦促整车厂家及零部件厂家对于关键总成部件进行技术交底和寿命周期论证。

规范管理要求：一是细化零部件使用寿命、更换周期要求，优化完善车辆维护制度，规范维保要求。二是督促整车厂、总成零部件供应商，在新车交付时，一并对车辆技术进行交底，规范十年质保模式零部件维修及使用全生命周期的要求。

四、案例评析

本案例中的事故在发生和处置过程中反映出车辆管理、故障排查及应急响应的重要性。驾驶员发现左后轮异响后立即停车处理，采取灭火器进行应急处理，所幸未引发火灾或人员伤亡。然而，这一故障事件在近 1h 内产生了显著的交通影响。

通过对该事件的分析，能够发现该车辆在最近的维护工作中未出现明显的制动系统故障，且外观检查未见重大损伤。这一事件表明，即便是微小的机械故障，也可能在复杂的城市交通环境中引发一系列后续问题。加强车辆故障预警系统、完善日常维护机制，以及提升驾驶员和应急处理人员的应对能力，是避免类似事件蔓延的有效途径。

尽管本次故障事件没有造成严重后果，但它为公共交通管理者提供了重要的反思契机。提高交通工具的安全性和可靠性，提升应急反应能力，是提升公共交通服务质量的关键所在。

案例7　电驱动车电池风险隐患大

一、事故经过

某年8月，事发地遭遇连续几日雨情。当月某日18时38分左右，某驾驶员在对总行驶里程为11.28万km的某厂家6m纯电动车的例检过程中，发现车辆后机舱电池组有烧灼痕迹，立即向车队汇报。

车队于18时52分左右向车间报修，保修人员到达现场检查发现动力电池系统出现故障，立即协调动力电池厂家进行技术支持。20时40分左右车辆动力电池开始逐步生烟，保修人员立即使用灭火器进行扑救，同时拨打119电话报警。21时00分左右消防队到达现场扑灭火情。

二、事故勘察情况

1. 车辆情况

车型为某厂家6m纯电动车，配备动力电池为多元复合锂电池。车辆役龄6年，累计行驶11.28万km。在用该型车共有 60 辆。

2. 保修情况

同年 4 月上旬:三级维护。

动力电池在质保期内,同年 5 月下旬,动力电池厂家对此车进行了检查,动力电池系统正常。

同年 6 月中旬:一级维护。

3. 勘查情况

(1)整车情况。

整车除动力电池舱有明显过火痕迹,其余部件完好。动力电池舱高低压线束较完整,未发现线束短路烧蚀点和线束短路熔珠。

(2)动力电池情况。

动力电池舱左侧动力电池箱防护板中间有烧熔孔,对应动力电池第 15 号模组正极柱位置,同时第 15 号模组下方的第 12 号模组烧蚀也较严重。

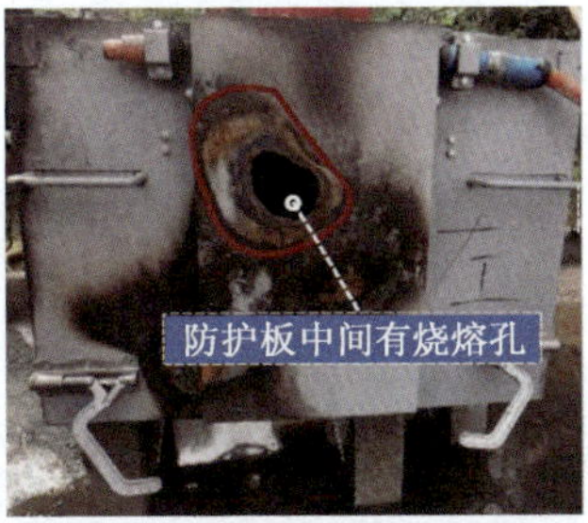

左侧电池第 15 号模组上方第 16 号模组正极位置有明显拉弧烧蚀痕迹,已经将模组外壳击穿,但尚未完全烧熔,与动力电池舱后封板拉弧烧蚀痕迹对应。

动力电池舱右侧动力电池箱防护板右上角有明显烧熔孔,对应动力电池第 1 号模组负极柱位置。

将动力电池1号模组进行拆解，模组中间位置和右侧负极柱位置单体烧蚀碳化。

整个系统1#箱、2#箱、12#箱、15#箱电池箱体烧蚀严重。

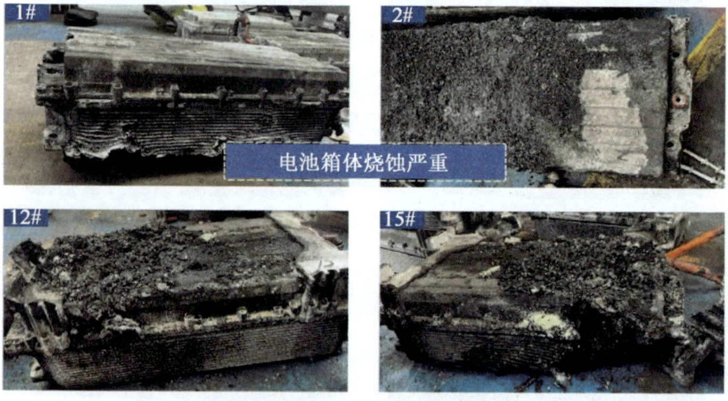

1#箱以及1#箱固定支架，15#箱、12#箱以及12#箱的固定支架烧蚀严重。

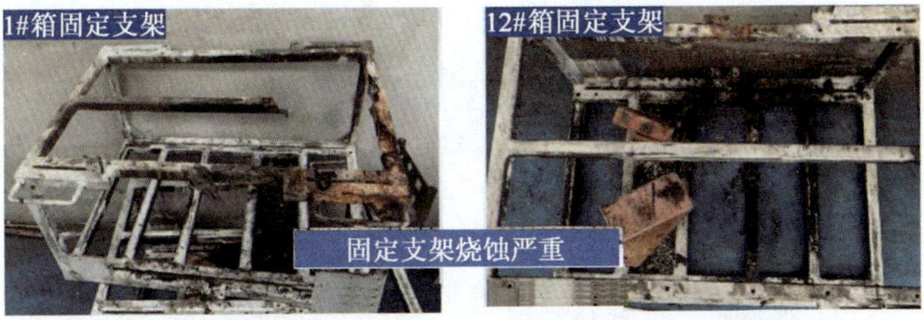

4. 事故原因

动力电池系统中1#箱负极侧和15#箱正极侧出现绝缘故障，导致1#、15#箱之间形成短路；加之事发地连续暴雨气候，空气中的水汽较大，导致箱体绝缘失效，进而引发电池热失控，最终产生电弧导致防护板处出现烧蚀熔洞。

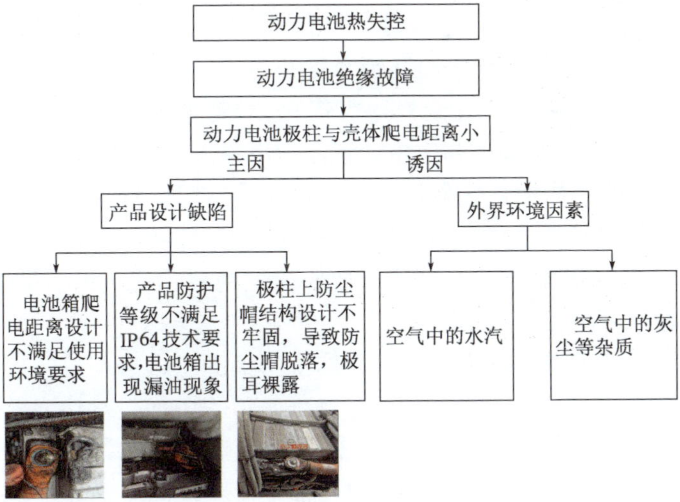

三、存在问题

(1)对于动力电池安全状态的防控能力还不强。对电池安全预警及监控数据分析能力有限,针对动力电池的安全预测机制、安全防范预案不健全,对于动力电池系统异常情况的处置流程还需优化,对动力电池安全问题的早发现、早预防和应急处置能力不强。

(2)对夏季绝缘涉水的防治能力有限。针对车辆布置位置较低的电气设备的检查能力不强,特别是在汛期雨季,对车辆涉水行驶后所造成的电路故障的认识不足、检查不彻底。

正确操作规定:执行《保修工车辆隐患排查与故障诊断指导手册》,各级维护及车辆维修过程中加强对动力电池插接件的检查,若发现接头处有轻微过热现象(如:插接件密封口流胶、鼓包),拔下插头用新能源车辆养护剂喷在接触面(清除触点氧化层、除湿防潮),插回插头时确保连接紧密，锁止有效，严重时，应予以更换。保持与驾驶员技术层面的交流，进一步规范新能源车辆的正确使用。避免起步加速踏板一脚到底急加速的情况发生，以降低车辆负载的瞬时高压电流对各个连接插接件的冲击，进而进一步降低动力电池插接件过热烧蚀故障。

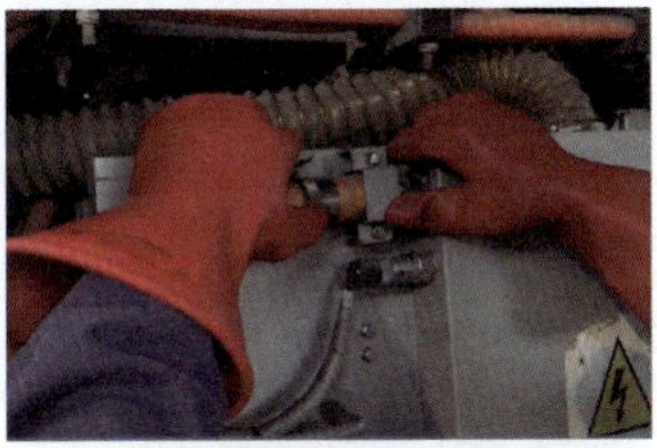

四、案例评析

本案例是一起动力电池因绝缘故障导致的热失控事故，充分体现了驾驶员、技术负责人及保修工在新能源车辆安全管理中协同的重要性。

本案例中，车辆因降雨停驶 3 天，驾驶员严格执行《驾驶员新能源车辆例检通则（试行）》规定，本着认真负责的态度，提前一天进行车辆例检，及时发现车辆失火隐患。

驾驶员使用车辆时，注意观察仪表报警信息，关注电量、电压、温度等信息无异常变化。注意合理充放电，防止过充过放，注意极寒天气和高温天气下电量合理分配；注意使用温度，保持良好的通风散热条件。低温环境下，电池充电效率降低，容量下降，影响放电寿命；高温环境则可能导致电池过热失控。行驶在不平路面时需特别注意避免底盘剐擦，以免因碰撞导致电池变形、内部短路或局部过热。

运营技术负责人应全面把控车辆使用情况，按照公交集团关于制定《新能车长期停放期间动力电池充放电制度要求（试行）》的通知（公交科信发〔2023〕412 号）对长期停放车辆严格遵守充放电规定，长期未使用的电池应先充满电。对于闲置超过 3 个月的电池，在重新使用前务必充满电。每月也应至少进行一次充放电循环，有助于提升电池活性，避免电池寿命缩短。清洗电动车时，避免动力电池组直接用水冲洗。

保修工对车辆进行检修时应严格落实《保养制度》技术标准，清洁电池箱，使其表面清洁、干燥，无尘土，无杂物；检查电池箱体及托架，确保箱体无裂损、卡具齐全有效，托架完好，安装牢固；清洁检查手动维修开关，使其表面清洁，罩壳安装牢固，开关锁止有效；检查电池箱高压线、低压线束插头，确保插接件完好，锁止牢固；电池导线排列整齐，捆扎牢固，无磨蹭、无损伤，插接件附近无明显变色，无干涉。

针对本案例事故原因及问题，总结经验如下：

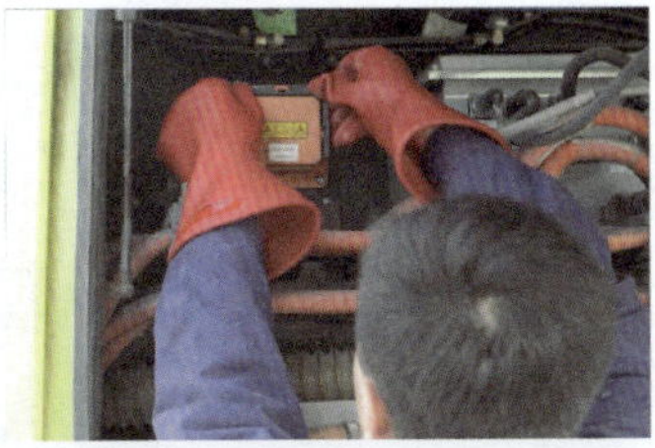
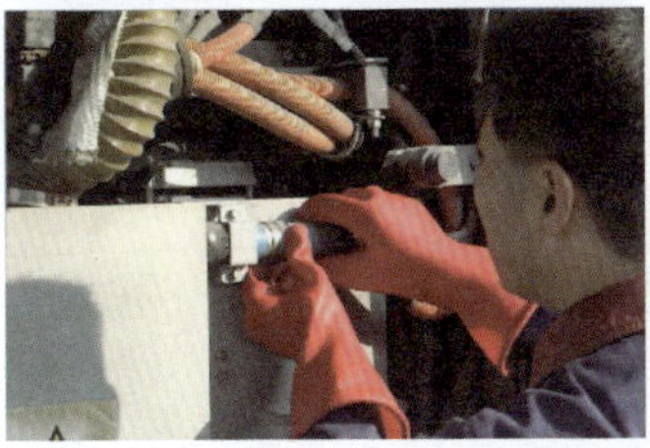

（1）应进一步提高动力电池的安全预警和监控能力，完善异常状态处置流程。

（2）强化涉水绝缘故障防治措施，特别是在汛期和雨季时的车辆检修和运行管理。

（3）规范动力电池的日常维护和检修标准，加强对电池箱体、防护板及线束的全面检查。

（4）强化车辆正确使用习惯，优化电池充放电和温控管理，避免因极端环境导致安全隐患。

案例8 多项制度执行不到位造成发动机舱局部过火事故

一、事故经过

12月某日8时许，驾驶员胡某在早高峰时驾驶某线路某18m液化天然气(Liquefied Natural Gas，LNG)车行驶至某重要路段时，车厢后部发动机舱自动灭火装置发出起爆的声音，并伴有烟雾产生。驾驶员立即靠边停车，协调售票员、乘务管理员疏散乘客，报119和公交抢修，并取出车辆灭火器对车辆后部机舱部位进行灭火，路过的定制商班驾驶员取出随车灭火器帮助灭火。8时5分左右消防车辆到达现场，8时15分左右将火情控制，8时20分左右持续为LNG气瓶降温。8时26分左右公交抢修车到达现场处置，8时37分左右将事故车辆拖离现场，无人员受伤。

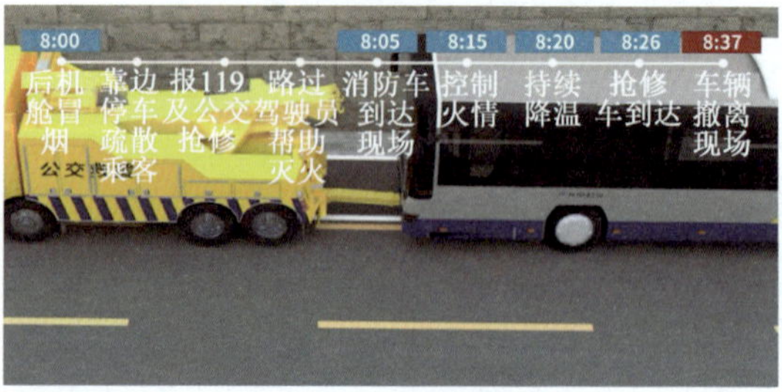

二、事故勘查情况

1. 车辆情况

涉事车辆为某18m LNG车。事故发生时车辆役龄接近10年,装配某进口品牌发动机,累计行驶69万km。事故发生时,同车型还有126辆。

2. 保修情况

涉事车辆发生故障三天前,进行三级维护,其中,涉及发动机系统的更换了气体机油压力温度传感器、呼吸器滤芯及密封圈、点火线圈、火花塞等材料。

同年11月14日:保修小分队上路普查车辆,未检出问题。

同年10月23日:一级维护。

同年8月29日:一级维护。

3. 出车例检情况

7时06分,驾驶员胡某到车队接班,由于本车回厂维护,与当班调度员联系后改用同型号车运营。

7时22分,驾驶员完成叮嘱、宣誓、私款签注、酒测、签到等工作。

7时23分,驾驶员领取车辆钥匙。

7时24分,驾驶员来到车辆处开始对车辆进行例检,没有起动车辆,对发动机机舱、机油、防冻液、右侧轮胎、车身等项目进行检查。上车后，起动车辆对仪表盘、制动踏板、燃气表、车门开关等项目进行检查，经检查仪表盘显示正常，车辆设施正常，下车从左侧检查轮胎和车身。

7 时 27 分，驾驶员在例检过程中发现车辆副水箱亏防冻液，在完成例检签注后进行防冻液补充。

7 时 33 分，驾驶员驾车由场站发车。

4. 应急处置情况

车载录像显示，在 7 时 59 分时，驾驶员胡某行驶到某立交桥低空桥路段时，乘务员告知车厢后部有烟雾冒出，听到发动机舱灭火弹发出自爆声音。

8 时整，驾驶员立即靠边停车，开启应急节气阀，打开所有车门，并迅速协调乘务员、安全管理员疏散乘客下车到安全地带，随后取出车内灭火器到车辆尾部进行扑救，关闭钥匙开关。

8 时 02 分，经过的兄弟分公司商班车在事故车后方停靠，驾驶员拿出车上灭火器协助扑救。

8 时 03 分，驾驶员向车队进行汇报。

8 时 04 分，驾驶员拨打 119 火警电话，并按一键报警按钮。

8 时 05 分，消防车辆到达现场将车辆发动机舱火势扑灭，并打碎气瓶两侧玻璃，为 LNG 气瓶降温。于 8 时 20 分左右将火扑灭。

8 时 40 分左右，车队安全员董某到达事故现场。

5. 抢修救援情况

事故当天 8 时 15 分，抢修调度平台接到交警抢修救援电话，随后立即安排 2-31 号清障车前往救援。同时，驾驶员胡某拨打电话报抢修中心请求清障车救援。

8 时 26 分时，2-31 号清障车到达事故现场，开始实施抢修作业。

8 时 37 分，故障车辆被清障车拖离现场。

9 时 42 分，故障车辆被拖至保修车间。

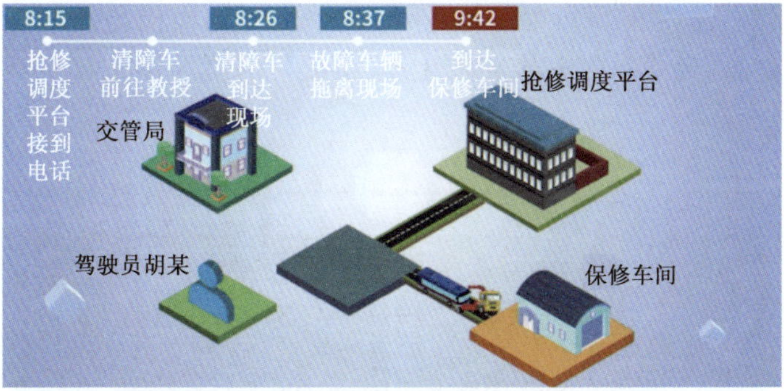

6. 勘查情况

(1) 发动机舱。

发动机舱内部左侧有过火痕迹，过火部位集中在发动机缸体以上，靠近机舱里侧的区域，缸体平面以下部位以及前端和右侧均未见异常。

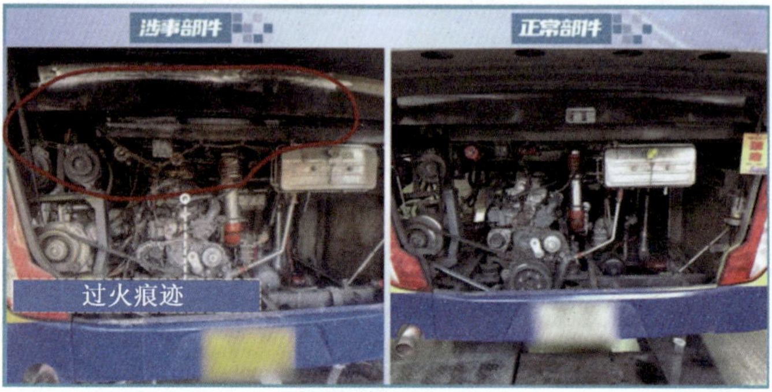

①对发动机电脑进行详细查看分析，面板整体烧蚀严重，插接口处有烧蚀碳化，电路板下部烧蚀严重且有碳化现象。

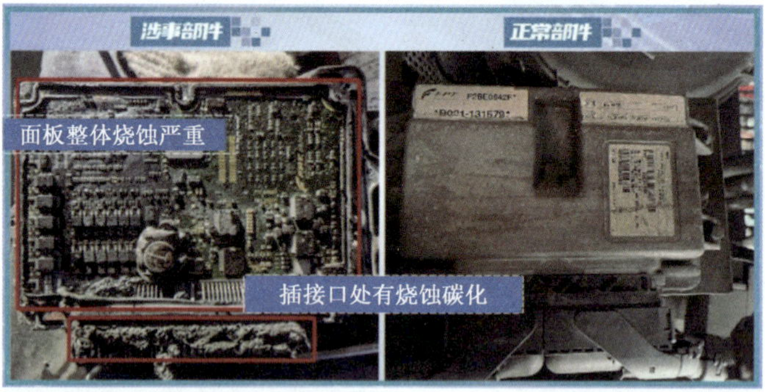

②对发动机主控线束走向进行梳理，对线束烧蚀情况进行详细查看分析，发动机主控线束绝缘层被烤化，插接件烧蚀严重，铜线裸露，线束外挂。

涉事部件

正常部件

③对进气压力传感器及线束进行详细查看分析，传感器插件部位烤化变形。

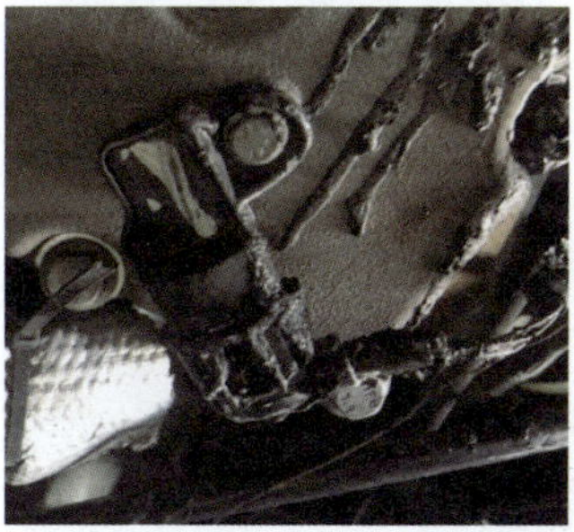

涉事部件

正常部件

④对副启动开关进行详细查看分析，副启动开关盒被烤化变形、开关盒内部线束无过火痕迹。

涉事部件

正常部件

⑤对主燃气管进行详细查看，主燃气管表面有熏烤痕迹，未见明显过火烧蚀痕迹。

涉事部件

正常部件

⑥对燃气报警传感器进行详细查看和分析，传感器外壳被烤化，存在烧蚀碳化痕迹。

涉事部件

正常部件

⑦对后机舱灭火器进行详细查看和分析，顶部 3 具车载灭火器起爆，外侧有过火痕迹。

涉事部件

正常部件

⑧对燃气喷嘴及支架拆卸后进行详细查看和分析，1 缸 2 个燃气喷嘴未见过火现象，2 ~ 5 缸 10 个燃气喷嘴有不同烧蚀碳化现象，4、5 缸燃气喷嘴及插接件烧蚀熔化、支架有过火痕迹，支架进、出气口未见过火痕迹。

涉事部件

正常部件

拆卸后

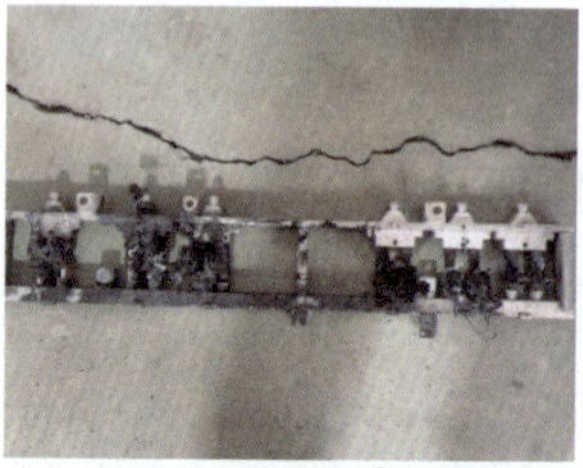

拆卸后

⑨对空调保险盒进行详细查看和分析，空调保险盒外壳存在被熏烤痕迹，外侧线束绝缘层熔化，铜线裸露。

涉事部件

正常部件

⑩对进气管路进行详细查看，进气管路正常无过火痕迹。

涉事部件

正常部件

⑪对水循环管路进行详细查看，水循环管路部分橡胶水管有熏烤熔化现象。

涉事部件

正常部件

⑫对发动机舱排气管路进行查看，隔热材料包裹完好，无过火痕迹。

涉事部件

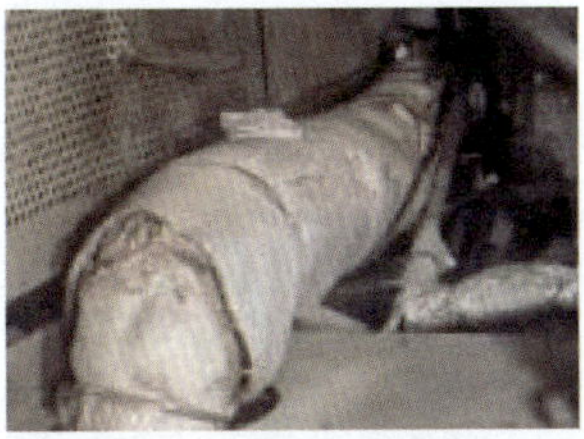

正常部件

⑬对锅炉进行查看，隔板下方正常，表面无过火痕迹。

涉事部件

正常部件

⑭对静电带进行查看，连接牢固、搭铁正常，满足标准。

涉事部件

正常部件

(2)燃气系统加液舱。

对燃气系统加液舱进行查看，无过火痕迹，加液面板化油器无泄漏、无冒烟过热、无结霜现象；加液面板无泄漏现象；稳压阀无泄漏现象。

涉事部件

正常部件

(3)燃气储气瓶舱。

对储气瓶舱进行查看，储气瓶无过火痕迹，储气瓶各阀体无泄漏现象，储气瓶阀板部位有轻微结霜。

涉事部件

正常部件

(4)检验测试情况。

①检测读取 CAN 数据记录。

车辆在运行期间发动机工作温度、制动气压等无异常。事发时,发动机工作温度 82℃,机油压力、制动气压等均在正常范围内。

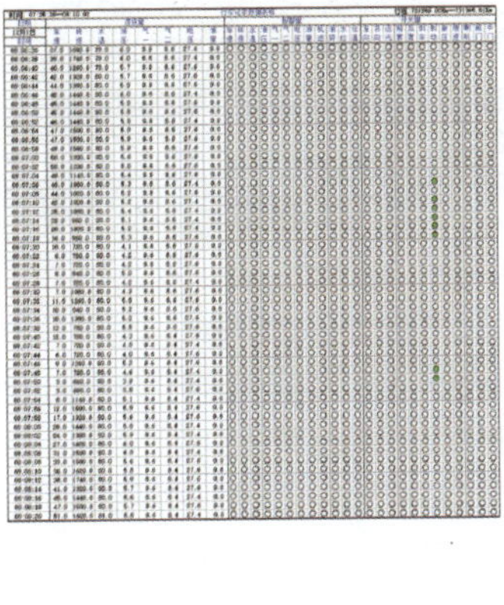

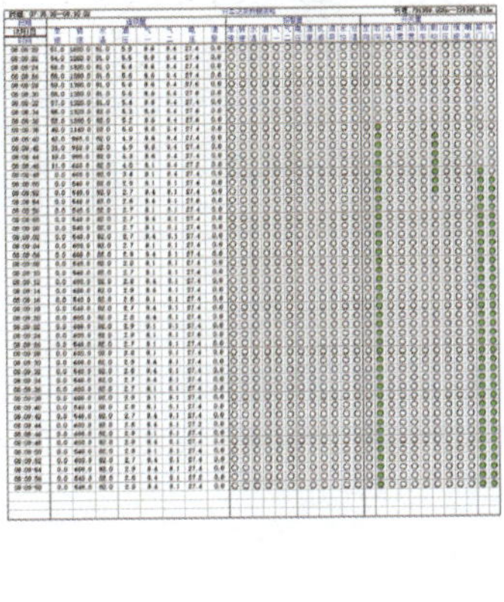

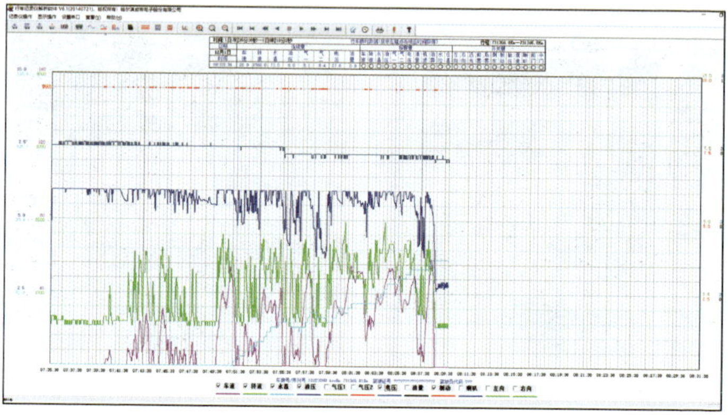

②检测读取发动机电脑数据，无法正常连接读取数据。

发动机 ECU 经鉴定电脑芯片因温度过高，引线已完全损坏，无法提取事发时发动机故障警示记录。

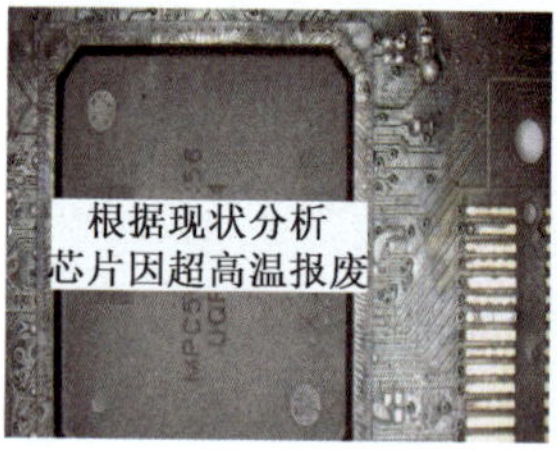

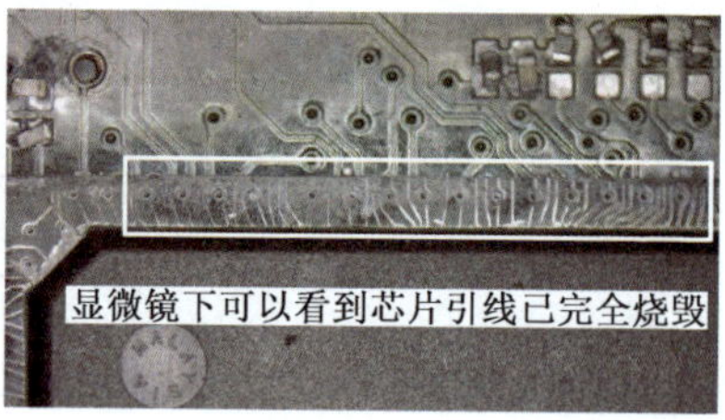

③测试燃气管路。

经现场通电测试，燃气加液舱内各管路正常无泄漏（铜管及软管），燃气电磁阀功能正常，断电后切断功能有效。发动机燃气共轨管 4 缸、5 缸燃气喷嘴接头有泄漏现象。

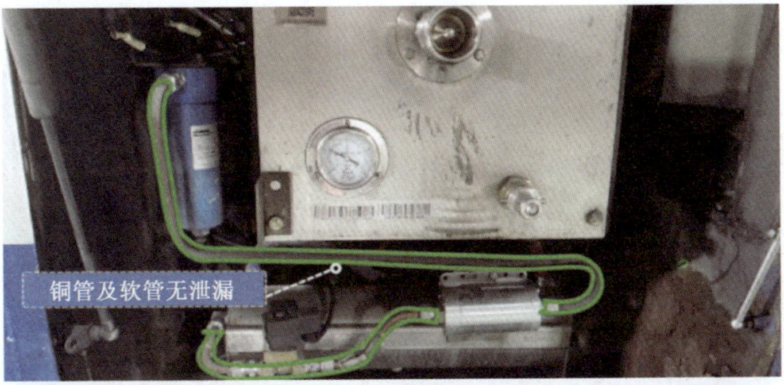

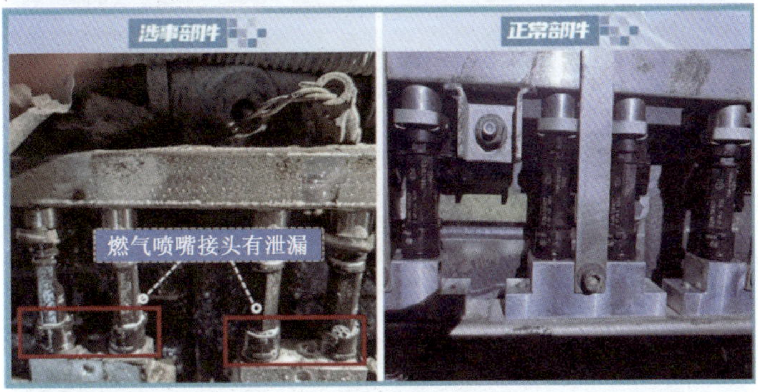

7. 原因分析

结合现场勘查情况，发动机舱过火部位均位于发动机缸体上方区域，发动机上方空间线束、管路、舱壁填充材料过火烧融。判断原因为：发动机燃气共轨管燃气喷嘴密封失效导致燃气泄漏，在燃气分配控制开关（电磁阀）通断过程中引燃形成火源，进而引起车辆发动机舱内局部过火。

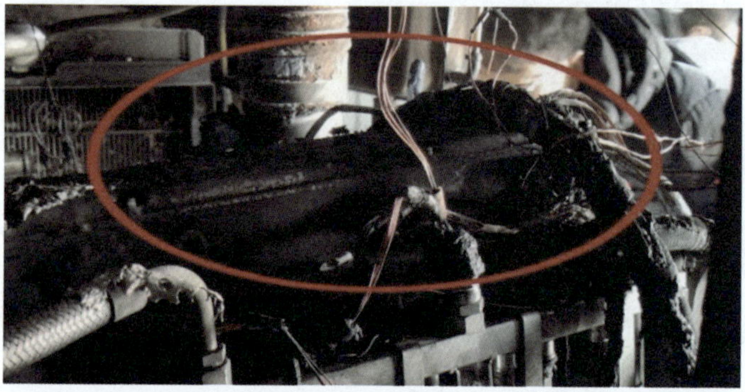

三、存在问题

本起事故暴露出多项制度落实管理不到位，存在重大安全隐患，驾驶员培训效果不理想，个别安全管理人员及驾驶员安全意识淡薄，对于车辆维护、出车例检情况以及应急处置流程不熟悉等，这些都有可能引发安全事故。

1. 基层执行落实规章制度管理不到位

在车辆管理方面,规章制度落实管理存在不到位问题。尽管北京市因深入开展“大排查、大整治”活动,已经进行多轮次车辆安全隐患排查整治,但仍然发生了车辆发动机舱局部过火事故。这反映出企业对于基层执行落实规章制度的管理不到位,保修、客运分公司对于保修工、检验员、驾驶员落实制度规范的督导检查不到位,基层单位对于员工的培训教育效果不理想。

2. 维护制度执行不彻底

在车辆保修方面,维护制度执行不彻底。保修工、检验员在实际操作执行过程中未能发现发动机“漏气”的隐患,即发动机燃气共轨管燃气喷嘴密封失效的情况,造成后续车辆使用过程中燃气泄漏。

正确操作规定:按照《保养制度》技术要求,安装牢固、不漏气,各缸喷嘴工作良好。燃气测漏仪探头接触式对从发动机共轨至喷气嘴各个连接接头点位,进行泄漏检测无报警提示。

3. 车辆例检流于形式

在车辆使用方面,车辆例检流于形式,没有认真落实《驾驶员例检规程通则》内的各项检查要求。

在车辆例检过程中,未能发现发动机燃气共轨管燃气喷嘴密封失效的隐患,造成后续车辆使用过程中燃气泄漏,导致发动机舱局部过火。各客运单位没有进一步加强对驾驶员出车例检执行情况的检查,从严监督和考核,导致带病车上路运营情况的发生。公交企业应强化驾驶员培训教育,规范驾驶操作行为,车辆行驶中密切关注车辆仪表显示,遇报警迅速靠边停车等待救援,避免故障升级、扩大事态影响。

正确操作规定:按照《驾驶员例检规程通则》中的出车前例检内容进行操作。

4. 使用操作规程落实不到位

在应急操作方面,使用操作规程落实不到位。驾驶员未能严格执行应急处置规程,按照先断电、再处置的应急流程执行,导致燃气持续泄漏、加剧火情。

正确操作规定:按照《常见故障处置指南(驾驶员篇)》第十条要求,应立即就近选择安全区域停车,使用车辆一键报警,打开车门,关闭钥匙,启动客门截气阀,疏散乘客,切断电源,取下灭火器对准起火点进行扑救,就近寻求帮助,如火情超出可控范围,迅速向119报警,同时向抢修救援、车队管理进行汇报。

四、案例评析

公交车辆运行管理规定及相关制度是指对于公共汽车行驶和运营过程中的管理行为所制定的规定和要求。严格落实公交车辆管理制度是保障公交行业安全、提升服务质量和实现企业长期可持续发展的关键基础。

近年来,随着公交系统的不断发展和完善,公交企业已构建起完整的安全管理体系。包括公交车辆安全管理、驾驶员管理、车辆维护、应急处置等各项规章制度，并经过实践检验，公交安全管理水平有了显著提升，但仍面临诸多挑战。公交企业制度执行面临基层执行不到位、保养制度执行不彻底、车辆例检流于形式、使用操作规程落实不到位等多种制度执行不到位情况。

制度执行得不到位，往往会对企业运营产生多方面的影响，包括管理混乱、运营效率低下、服务质量下降以及安全隐患等。

2024年10月17日，国务院公布《城市公共交通条例》，其中第二十八条提出，城市公共交通企业应当遵守有关安全生产的法律、法规和标准，落实全员安全生产责任，建立健全安全生产管理制度和安全生产责任制，保障安全经费投入，构建安全风险分级管控和隐患排查治理双重预防机制，增强突发事件防范和应急能力。

因管理不到位造成事故，相关责任主体需要依法承担相应的法律责任。由于机动车所有人或管理人的管理不到位导致交通事故，那么机动车所有人或管理人可能需要承担相应的赔偿责任。根据《中华人民共和国民法典》第一千二百零九条，如果机动车所有人或管理人对损害的发生有过错，如管理不到位，他们需要承担相应的赔偿责任。

对于生产、作业中因管理不到位造成重大伤亡事故或其他严重后果的情况，相关责任人可能需要承担刑事责任。依据《中华人民共和国刑法》第一百三十四条，如果相关责任人在生产、作业中违反有关安全管理的规定，导致重大伤亡事故或其他严重后果，可能会被处二年以下有期徒刑或者拘役,情节特别恶劣的,处三年以上七年以下有期徒刑。

严格落实各项技术纪律和规章制度,落实安全生产管理制度和安全生产责任制,可以切实确保涉及车辆安全部位部件的安全可靠性,筑牢车辆技术安全防线,有利于提升驾驶员专业技能及应急处理能力。

通过本案例分析,总结经验教训,完善安全管理措施,构建各项规章制度管理落实和应急处置预防机制,增强突发事件防范和应急能力,杜绝此类事故再次发生。具体建议措施如下。

1. 进一步强化各项技术纪律和规章制度的落实

认真吸取教训,立即召开车辆技术安全紧急会,通报此起事故,进一步强化各项技术纪律和规章制度的落实,切实确保涉及车辆安全部位部件的安全可靠性,筑牢车辆技术安全防线。

2. 加强对车辆各级维护的检查监控

保修单位加强对车辆各级维护的检查监控,提高维护质量,严格执行各级维护制度、工艺标准、竣工验收要求,查找存在的“竣工验收失察、失管”环节,消除车辆不安全隐患,杜绝此类事故再次发生。

3. 加强对驾驶员出车例检执行情况的检查

各客运单位进一步加强对驾驶员出车例检执行情况的检查,注重提升驾驶员的安全意识和责任感。从严监督和考核，严禁带病车上路运营。强化驾驶员培训教育，规范驾驶操作行为，车辆行驶中密切关注车辆仪表显示，遇报警迅速靠边停车等待救援，避免故障升级、扩大事态影响。

4. 严格执行应急处置规程

强化驾驶员落实规章制度的培训教育，规范驾驶操作行为，严格执行应急处置规程，按照先断电、再处置的应急流程执行。强化驾驶员安全教育，定期开展专业培训。培训内容涵盖交通法律法规、安全驾驶技巧、应急处理措施等，确保每位驾驶员掌握核心技能，提升专业素养。注重心理健康教育，帮助驾驶员缓解工作压力和负面情绪，提升抗压能力。车辆行驶中密切关注车辆仪表显示，遇报警迅速靠边停车等待救援。

城市公共交通企业应当遵守有关安全生产的法律、法规和标准，落实全员安全生产责任，建立健全安全生产管理制度和安全生产责任制。同时，制度的有效执行还能提高服务质量，使车辆准时、安全、整洁地接送乘客，增强乘客的出行体验。车辆保修、车辆例检、应急处置以及抢修救援对公交车运营安全非常重要。因此，公交企业应该加强对车辆各级维护的检查监控，进一步强化各项技术纪律和规章制度的落实，加强对驾驶员出车例检执行情况的检查，严格执行应急处置规程，强化驾驶员培训教育，规范驾驶操作行为，杜绝此类事故再次发生。

案例9 外协管理空白造成失火事故

一、事故经过

2月某日22时25分左右,某驾驶员行至某快速路段时,驾驶员突然闻到异味,立即靠边停车,将车上6名乘客疏散至安全地带后,立即关闭车辆大闸,重返车厢准备取灭火器灭火。此时驾驶室左侧出风口已出现火苗,且火势发展较快,驾驶员立即拨打119火警电话。

22时45分,消防车辆抵达事故现场开始扑救,并于22时55分左右将火扑灭。23时52分左右,公交抢修车到达现场处置。次日0时29分左右,清障车将事故车辆拖离现场。

事故未造成人员伤亡,直接财产损失4.5万元。

二、事故勘察情况

1. 车辆情况

涉事车辆车型为某厂家13.7m LNG车,车辆役龄6年,累计行驶40万km。在用同车型共92辆。

2. 保修情况

上一年11月下旬：三级维护。

3. 出车例检情况

15时17分，驾驶员到车队场站接班。

15时18分，驾驶员完成叮嘱、宣誓、私款签注、酒测、签到等工作。

15时18分，驾驶员领取车辆钥匙。

15时24分，驾驶员来到车辆停放处开始对车辆进行例检，绕车一周，对发动机机舱内部、车身等项目进行检查，上车后，起动车辆对仪表盘、制动、燃气表、车门开关等项目进行检查，经检查仪表盘显示正常，车辆设施正常。

15时34分，驾驶员在酒测签到一体机上进行车辆例检确认。

16时01分，驾驶员从场站发车。

4. 应急处置情况

21时42分，驾驶员驾驶车辆出发投入运营，经驾驶员确认在运营中燃气报警设备没有出现报警提示数据，也没有听到报警提示音。

22时25分，驾驶员驾车行驶到某路段时，闻到车厢异味，随即完成停车，并关闭钥匙。驾驶员开门下车查看，切断全车电源，疏散车上乘客6人，乘务管理员使用1

具灭火器进行扑救。

22时30分,驾驶员拨打119火警电话。

22时45分,消防车辆抵达事故现场开始扑救。

22时55分,消防将火扑灭清理现场。

5. 抢修救援情况

23时15分,抢修调度平台接报电话。

23时16分,调度平台派2-39号清障车前往救援,同时派2-45号清障车前往支援。

23时53分,清障车携带“车衣”到达故障车现场,进行穿“车衣”和实施拖车作业。

次日0时29分,清障车将事故车辆拖离现场。

次日1时33分,事故车辆被拖至保修车间。

6. 勘查情况

(1)车辆现场勘查情况。

车辆过火情况:地板以上过火,后机舱中上部过火,座椅、内饰板及地板过火。

电路系统:车厢内部各电气线束绝缘层烧损熔化,线束铜线呈裸露状,部分线束熔断;发动机舱上部线束过火。驾驶舱左侧外部的配电舱、低压蓄电池舱、中央控制盒部分烧损。

发动机周边机件:空气压缩机、转向助力泵、起动机等总成及周边线束有过火痕迹,机舱内中上部的橡胶件过火烧损。

燃气系统：机舱内供气管路过火，冷化器、稳压器有过火痕迹，金属管路及接头连接完好，泄漏报警装置烧损。

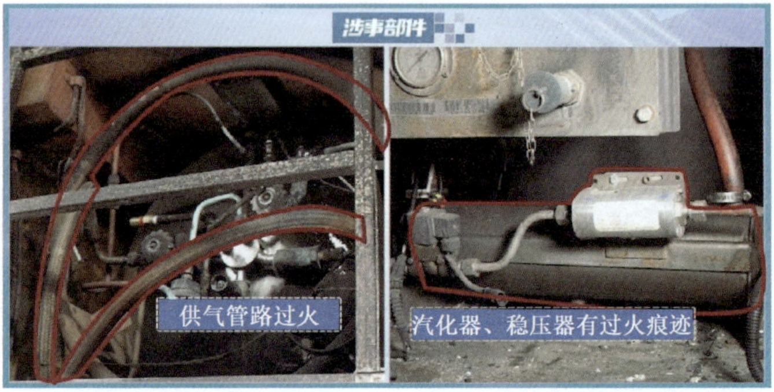

驾驶员座椅上部通风道：通风道及暖风、空调控制面板烧损；通风道内车载“三合一”有一侧外壳及散热风扇烧损，通信线等线束熔断；车载移动数字电视接收终端外壳烧损熔化，内部两块电路板烧损残留。

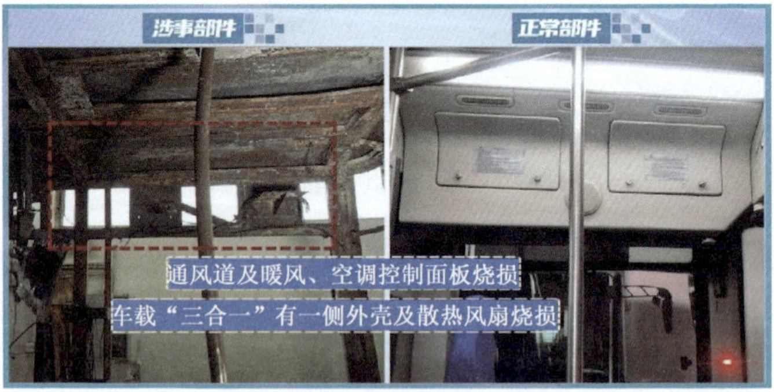

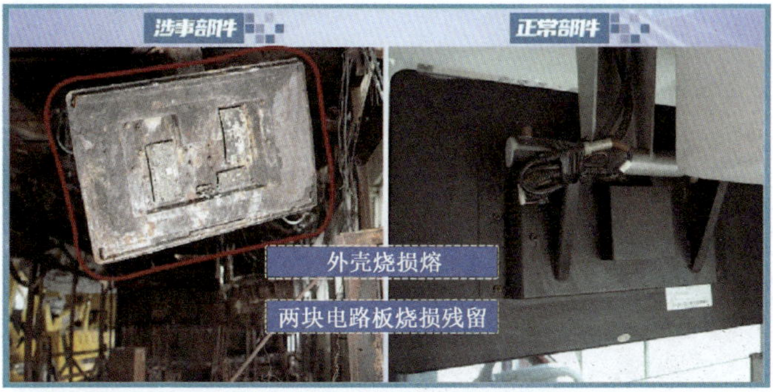

车辆CAN总线系统数据分析：在车速为0的状态下，6s后关闭钥匙门开关，28s后关闭电源总开关；CAN数据记录显示空调未开启，暖风系统处于有效工作和通信状态；无冷却液温度高等异常信息记录。

发动机ECU过火，诊断接头受损无法进行检测；车载视频监控系统硬盘受损，现场无法进行读取。

(2)问询驾驶员及对比检查情况。

驾驶员描述：在驾驶途中，闻到有异味后，立即靠边停车、疏散乘客，并逐一关闭暖风、路牌、钥匙开关，开启截气阀(车门断气装置，用于突发事件开启车门)，随后下车关闭电源总开关。返回车内前，在车外看见驾驶员座椅上部左侧的出风口处出现火苗。

对比完好车辆：随机调取1辆同型号车辆进行对比检查。对比车辆：在驾驶员座椅上部左侧通风道处，布置有4套装置，分别是空调暖风系统控制面板、空调冷风系统控制面板、车载"三合一"控制器和车载移动数字电视接收终端。其中，暖风系统和冷风系统控制面板安装牢固、插接件牢固、捆扎有效；车载"三合一"安装在专用支架上，走向合理、捆扎有效；车载移动数字电视接收终端及线束安装不规范，部分线束有磨蹭痕迹。随后抽查另外 3 辆同型车辆，均存在车载移动数字电视接收终端及线束安装不规范的情况。

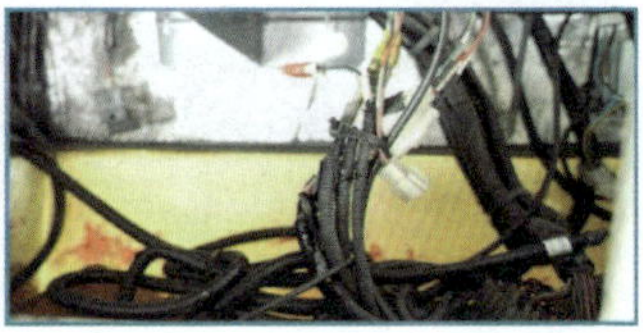

7. 事故原因

某消防救援支队出具"某消火认字〔2024〕第 00028 号"火灾事故简易调查认定书，火灾事故事实为：经调查，起火部位位于公交车内驾驶员座位后面的上方移动电视机顶盒位置区域，起火原因系电气线路故障。火灾烧毁驾驶员座椅，部分车内座椅烧损，车内顶部不同程度烟熏水渍损毁。

引发失火事故的直接原因为：某移动电视有限公司安装在驾驶员上部左侧风道中的车载移动数字电视接收终端（机顶盒）及线束，未按规范进行安装固定，长期使用中与周边线路发生磨蹭导致短路失火。

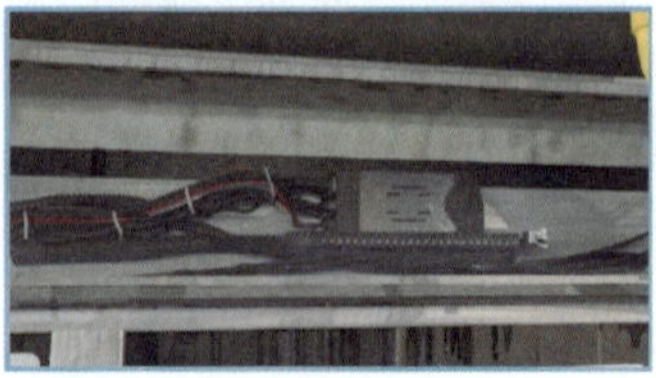

间接原因为：对于车载移动数字电视接收终端维修检查不到位，日常监管不到位，未能及时在运维中发现问题并采取有效措施解决。

三、存在问题

（1）移动电视系统的运维不到位，依据《公交车移动电视承租合作协议》，某移动电视有限公司作为公交车移动电视的资产方，负责公交车移动电视系统的运维工作，通过对同型车辆的对比查验，连夜排查的60辆车中15辆存在相同问题，反映出日常维修、检查工作流于形式，未及时排除安全隐患。

（2）移动电视系统的监管不到位，集团下属某子公司作为业务管理方，在某移动电视有限公司对移动电视系统的运维过程中，没有切实履行安全监管主体责任，未能形成检查监管的有效闭环管理。

（3）车辆隐患排查不全面，公交集团公司作为车辆资产方，对于车辆隐患风险点的识别不彻底，未将由第三方外协单位负责日常运维的移动电视系统纳入隐患风险排查范畴。

四、案例评析

本次事故是由于车载移动数字电视接收终端未按规范安装固定，长期使用中线路磨损引发短路，直接导致车辆失火。事发后，驾驶员认真落实应急处置流程，快速完成抢险救援，最大程度上避免了人员伤亡和更大的财产损失，展现了应急处置的及时性和专业性。

正确操作规定：按照《常见故障处置指南（驾驶员篇）》第十条要求，应立即就近选择安全区域停车，使用车辆一键报警，打开车门，关闭钥匙，启动客门截气阀，疏散乘客，切断电源，取下灭火器对准起火点进行扑救，就近寻求帮助，如火情超出可控范围，迅速向 119 报警，同时向抢修救援、车队管理进行汇报。

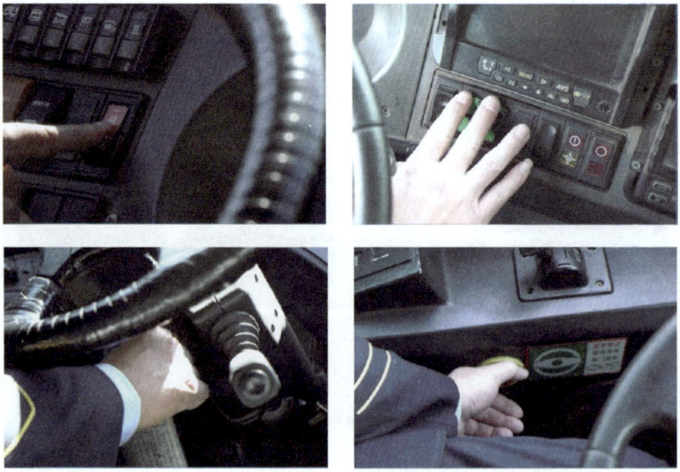

本次事故充分说明外协管理空白对公交车安全运行的潜在威胁。尽管驾驶员的应急处置得当，成功避免人员伤亡，但事故揭示出移动电视系统运维不到位、监管责任不清晰、隐患排查范围不全面等问题。要防范类似事件的再度发生，需强化以下几点意识：

(1)应进一步强化第三方外协单位的技术管理，规范设备安装和维护标准，强化外协单位的安全管理责任。

(2)完善集团隐患风险识别体系和隐患排查机制，将外协设备纳入安全检查与运维体系，建立有效的监管机制，确保外协设备隐患排查到位，实现全链条闭环监管。

(3)通过事故复盘优化应急预案和技术管理制度，从制度层面落实责任，全面提升公交车辆的本质安全水平。

(4)加强驾驶员应急技能培训，确保突发事故能及时处置。

通过优化技术管理与安全监管相结合，方能有效降低外协设备引发的安全风险，提高公共交通的运行安全水平。

案例 10 先天车辆隐患问题导致重大安全风险

一、事故经过

12 月某日 6 时许，连续极寒气候环境下，某辆役龄为 4 年的某厂家插电增程公交车在运营过程中，驾驶员突然发现车辆出现制动迟钝情况，迅速采取紧急措施，通过间歇性制动使车辆平稳停住，无人员受伤。

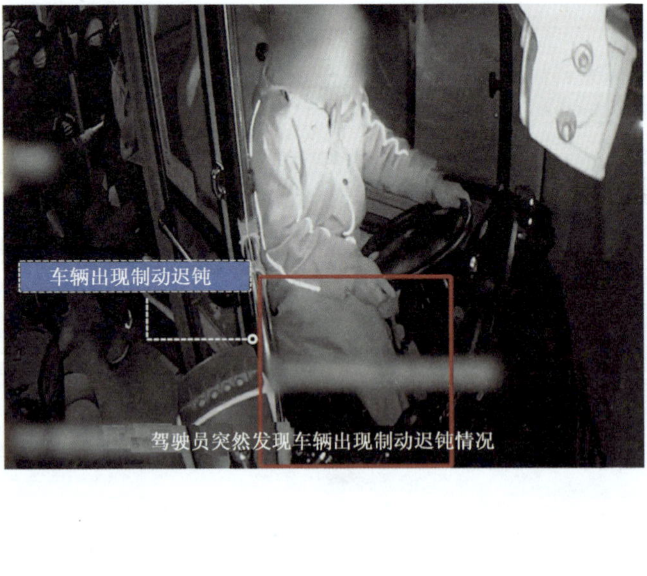

二、事故勘查情况

1. 勘查情况

车辆后储气罐至后继动阀的压缩空气进气管断裂损坏，周边其他管路正常，整车其他压缩空气管路正常，驻车制动功能正常。对断裂气管残余部分进行测试，在低温状态下管身发脆，受力后直接断裂。

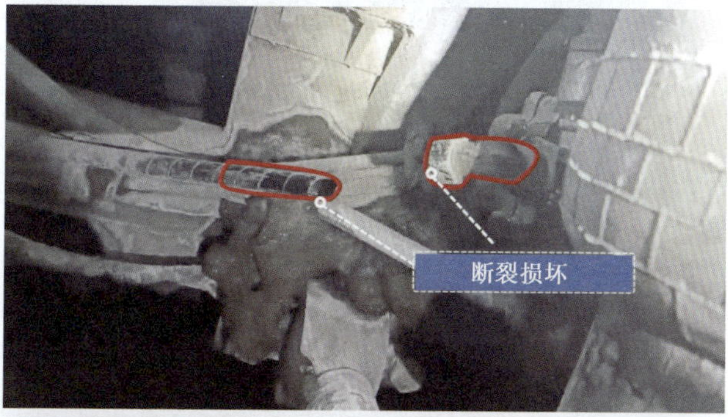

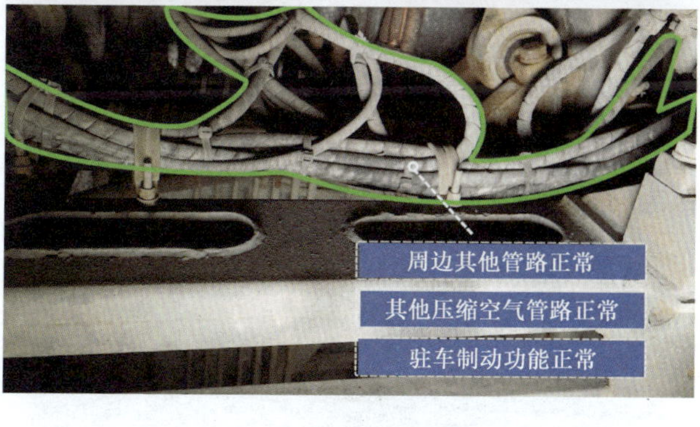

2. 事故原因

结合现场勘查情况，压缩空气管材质存在缺陷，在低温时出现硬化脆化现象，遇颠簸冲击时发生断裂，导致后制动管路瞬间失压，引发制动力减弱的故障。

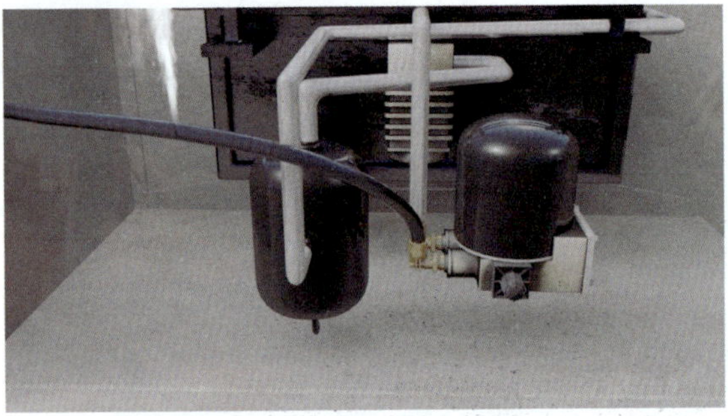

三、存在问题

因亚大管材质问题引发安全隐患（亚大管即气压制动尼龙软管，其材质塑性好，耐老化，具有宽范围温度的使用特性，常规使用寿命不少于10年）。

为避免类似事故的发生，各级管理部门应在日常技术管理中，注意收集有关新车质量问题，及时反馈客车生产厂家，迅速采取整改措施，确保车辆安全。

正确操作规定：按照《常见故障处置指南（驾驶员篇）》第二十七条“行驶中感到制动系统出现故障时怎么办？”中的要求，车辆在行驶中制动系统出现故障时，应合理利用驻车制动，采用点刹方式加以辅助。依靠制动分泵储能弹簧的推动实现应急制动作用。待车速明显降低后，应就近选择安全区域停车、熄火、开门、断开高低压电源、疏散乘客，并及时报修，等待救援。

维保人员严格执行《新车维护管理规定》中检查项目要求，要求客车厂家装配符合标准的相关气路管路，附带提供耐压、抗低温、耐高温等关键技术参数和实验合格证明；安装技术标准要求，管路走向合理，装卡牢固，无漏气、无磨蹭；胶管无老化，无龟裂损伤。

维护过程中严格按照《保养制度》要求：气路管路走向合理，防护有效，无干涉；与其他管线隔离捆扎，按照规定加装固定卡箍和支撑支架，防止管路悬空；特别注意车下裸露部位管路，做好防护措施，防止大雪天气，积雪、积水减、结冰后增加管路额外重力拉伸。检查气压调节干燥器安装牢固，无漏气，工作效能良好，卸荷压力符合车辆技术标准。

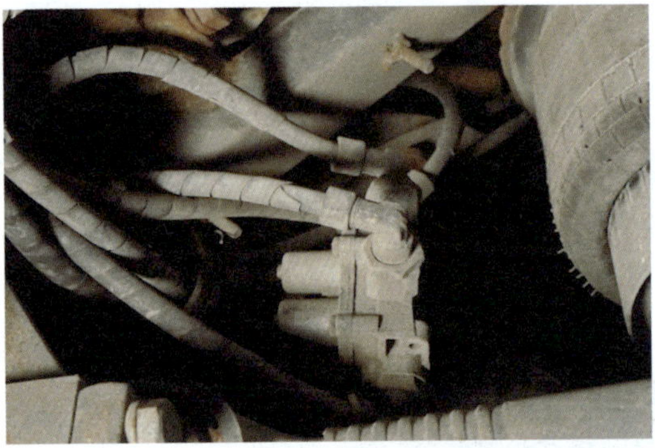

驾驶员遵守《驾驶员新能源车辆例检通则（试行）》做好出车前、收车后的气罐排污工作，防止管路内积聚过多油污水汽，减少对管路腐蚀损伤。

四、案例评析

近些年，公交车辆安全运营形势越来越严峻，国内屡有制动系统故障等安全事故发生，给人们的生命财产造成了重大损失。确保公交车辆技术状况良好是保障车辆安全运营的基础，对于保障公共交通安全、维护乘客利益和保护环境至关重要。在此次事故中，车辆在极寒气候环境下出现制动迟钝情况，驾驶员迅速采取措施，避免了可能的严重后果。这一问题的存在，凸显了亚大管材质问题可能引发的安全隐患。同时也暴露了在极寒气候环境下，由于安全意识不足、维护流程不规范、监督机制缺失和资源配置不足，城市公交企业的车辆维护管理制度在实际执行中存在的问题。如出车前安全检查不到位、车队管理不力和维修检查不彻底，这些问题可能导致管理混乱、运营效率低下、服务质量降低，产生安全隐患。

为避免类似事故的发生，各级管理部门应在日常技术管理中，注意收集有关新车质量问题，及时反馈客车生产厂家，迅速采取整改措施，确保车辆安全。

此外，出现相关问题应按照《常见故障处置指南（驾驶员篇）》执行，包括在制动系统出现故障时，合理利用驻车制动，采用点刹方式加以辅助，并在安全区域停车、熄火、开门、断开高低压电源、疏散乘客，并及时报修，等待救援。

驾驶员应遵守《驾驶员新能源车辆例检通则（试行）》做好出车前、收车后的气罐排污工作，防止管路内积聚过多油污水汽，减少对管路腐蚀损伤。通过这些措施，我们可以提高公交车辆的安全性能，以防止未来类似事件的发生。

案例 11 开带病车上路引发失火事故

一、事故经过

4 月某日 20 时 05 分,某驾驶员驾驶公交车在某高速路线路运营过程中,闻到车内有异味,随即靠边停车、下车查看,发现左后中轮(驱动轮)处有轻微烟尘,疏散乘客后,驾驶员电话联系车间、车队管理、区域调度指挥中心。尔后继续以 60 ~ 70km 的时速在高速路上行驶。20 时 25 分,车辆继续行驶 15s 左右、车辆驻车显示未消失,驾驶员再次电话联系车间后继续行驶。20 时 46 分,驾驶员再次闻到异味、靠边停车检查,并再次联系车间。20 时 56 分,车辆继续行驶。21 时 07 分,车辆驶出高速继续行驶,驾驶员听到车厢后部有异响,靠边停车、下车查看,发现轮胎冒烟、有明火,与乘务管理员共同使用 2 具车载灭火器灭火, 21 时 14 分,乘务管理员拨打 119 报警。21 时 20 分,消防救援力量抵达现场。21 时 35 分,火情被扑灭。事故未造成人员伤亡。

二、事故勘察情况

1. 车辆情况

涉事车型为某厂家13.5m LNG车，车辆役龄8年，累计行驶65.74万km。配备某品牌制动器（前轮盘式、中轮鼓式、随动轮盘式），同车型共有302辆。

2. 维护情况

同年4月：一级维护；
同年3月：一级维护；
同年3月：一级维护；
同年2月：二级维护。

3. 出车例检情况

12时37分，驾驶员在某汽车站接班。

12时37分，完成叮嘱、宣誓、私款签注、酒测、签到等工作。

12时40分，驾驶员领取车辆钥匙。

12时51分，驾驶员完成车辆例检并通过调度室内签注一体机进行上报，整车无上报问题。

13时05分，驾驶员驾驶车辆由某场站发车。

4. 行车过程

18时56分，驾驶员驾驶车辆出发。

19时48分，CAN线记录车辆驻车制动灯亮起，当时车速 70km/h 行驶中。

20 时 05 分，行至某高速某收费站西侧 2km 处，驾驶员闻到车内有异味，靠边停车、下车查看，发现左后中轮（驱动轮）有轻微烟尘，疏散乘客。

20 时 08 分，驾驶员电话联系车间，电话接通。

20 时 11 分，驾驶员打电话至车间，未接通。

20 时 12 分，驾驶员给车间打电话，视频显示驾驶员告知车辆轮胎冒烟。

20 时 17 分，驾驶员给车队机务员打电话。

20 时 19 分，驾驶员给调度打电话。

20 时 23 分，驾驶员给调度打电话，视频显示让驾驶员缓慢行驶回车间。

20 时 25 分，车辆继续行驶 15s 左右，驻车显示未消失，驾驶员再次电话联系车间后继续行驶。

20 时 46 分，驾驶员闻到异味、靠边停车检查，再次联系车间。20 时 56 分，继续行驶。

5. 应急处置情况

21 时 07 分，车辆出高速后继续行驶，驾驶员听到车厢后部有异响，靠边停车、下车查看，发现轮胎冒烟、有明火，与乘务管理员共同使用 2 具车载灭火器进行灭火。

21 时 14 分，乘务管理员拨打 119 报警。

21 时 20 分，某区消防队消防车辆到达现场。

21 时 35 分，消防队将车辆火势扑灭。

6. 抢修救援情况

21时48分，抢修救援调度中心接到驾驶员电话，告知车辆发生火情事故，需要抢修救援。

21时50分，抢修调度平台派清障车前往救援。

22时05分，清障车到达现场，等待消防处置指令。

23时35分，故障车辆被清障车拖离现场。

次日0时15分，故障车辆被拖至保修车间。

7. 现场勘查情况

（1）车辆现场勘查情况：左中轮制动鼓存在高温后变色现象，制动蹄摩擦片回位簧存在高温退火现象，制动蹄摩擦片调整杆（桃字轴）存在间隙过大情况，轮毂轴承存在高温变色现象，储能分泵效能正常；右中轮制动鼓、制动蹄、轮毂轴承、储能分泵均正常。

①整车外观：车辆所有风窗玻璃破损，外部有过火痕迹，车辆左侧反光镜大臂存在烧蚀情况，右侧车身情况完好。

②后发动机舱：发动机舱内部无过火痕迹，后机舱外部无过火情况，主要总成零部件无过火迹象。

③燃气系统加液舱：对燃气系统加液舱进行查看，无过火痕迹，加液面板化油器无泄漏、无冒烟过热、无结霜现象；加液面板无泄漏现象；稳压阀无泄漏现象。

事故车

样车

事故车

样车

事故车

样车

④燃气储气瓶舱：对储气瓶舱进行查看，储气瓶无过火痕迹，储气瓶各阀体无泄漏现象。

事故车

样车

⑤车内情况：车辆内部地板以上全部过火，座椅、内饰均有过火损毁，驾驶舱仪表台、座椅、车辆顶部空调损毁。

事故车

样车

⑥轮胎：车辆左后中轮爆胎，内侧轮胎受损严重，外侧轮眉处车身过火，烧蚀情况严重。

(2)CAN线数据及视频情况：

19时48分58秒，仪表显示驻车制动信号"1"(驻车制动未解除)，行驶速度为70km/h，持续行驶至20时05分50秒，车速降至0；

事故车

事故车(内胎)

20时25分20秒,仪表显示驻车制动信号"0"(驻车制动解除),车辆开始起步;

20时25分34秒,仪表显示驻车制动信号"1",行驶速度为5km/h;

20时28分38秒至20时46分42秒(约18min),仪表显示驻车制动信号"1",行驶速度为60km/h,至20时46分58秒,车速降至0;

20时56分32秒至21时07分24秒,车辆以30~40km/h速度行驶,21时07分34秒,车速为0,视频同步显示在21时07分30秒左右出现左中轮爆胎情况;

21时10分左右,出现火情;

21时11分10秒,CAN线无数据输出。

8. 事故原因

事发地消防救援支队出具火灾事故简易调查认定书,火灾事故事实为:4月某日21时14分(接警时间),位于某处一辆绿色客车发生火灾,过火面积7m²,无人员伤亡,火灾原因系制动过热引燃轮胎所致。

事故原因:车辆在发生故障后,驾驶员按规定完成乘客疏散,向保修车间、所属车队及区域调度指挥中心汇报后,在仪表出现驻车制动灯报警情况下(驻车制动未解除),长时间驾驶车辆中高速行驶,导致左中轮制动器温度持续升高,轮胎压力和温度随之升高,造成左后驱动轮里胎爆胎起火、导致车辆失火。

三、存在问题

(1)驾驶员的车辆安全防范意识还不强,驾驶员虽然经过多轮次的培训教育,但驾驶员仍未能严格落实"隐患停驶机制",存有侥幸心理,开"带病车"上路,最终导致车辆失火。

正确操作规定:按照《关于重申"不准车辆带病行驶"的通知》文件要求,车辆行驶中发现异响异味,必须即时靠边停车,故障问题没有排除解决,严禁继续行驶。以及任何部门和人员,都不得让带病车上路和继续行驶,否则将进行责任追究。

(2)制度规定落实不到位,对于常见故障处置流程的掌握还不够熟练,在发生报警指示、拔劲冒烟后,驾驶员处置不果断,勉强行驶,同时指挥不得当,加剧事态扩大,应急处置能力较差。

正确操作规定:按照《常见故障处置指南(驾驶员篇)》第十二条"行驶中看到轮胎拔劲冒烟时怎么办?"中的要求,车轮冒烟时应缓慢减速选择安全区域停车,疏散乘客,车轮温度过高时应采用静置降温,严禁使用冷水降温,并及时报修,协助乘客倒乘。

四、案例评析

本起公交车失火事故成因，虽然未造成人员伤亡，但驾驶员在发现车辆异味和烟尘后，处置不够果断，没有严格执行“隐患停驶机制”，未能及时采取有效措施降温，而是选择继续勉强行驶，导致事态进一步恶化，最终造成制动过热、轮胎爆胎起火。暴露出驾驶员安全意识淡薄、应急处置能力不足，进而反映出企业的安全培训教育效果不佳，受训人员对培训内容入脑入心不足，对“带病车”上路监管不力等问题，值得深思和警惕。

公交企业应不断提升安全培训教育效果，强化安全意识，确保驾驶员掌握安全操作规程，定期组织应急演练，提高驾驶员的应急处置能力，确保在紧急情况下能够及时有效地采取措施。建立健全安全管理制度，加强对“带病车”上路的监管。

第二部分
常用车型每日例检

车辆例行检查，是由专业安检人员在车辆每日运行前，以安全检视为作业中心对车辆进行检视的工作。城市公交车辆安全例检制度是确保运营安全以及公众出行安全的关键措施之一。它能及时发现隐患，指导作业人员采取有效预防措施，最大限度地避免重大安全事故的发生，维护人民群众的生命财产安全。同时，该制度有助于提升行业管理水平，推动技术创新，提高车辆和服务质量，提升客运行业的社会形象。

在车辆例检过程中，需按照集团公司车辆例检相关制度要求，有序操作、检查全面、及时处置、做好上报，具体工作要求如下：

1. 有序操作

驾驶员要认真对待车辆例检工作，按照工作流程有序操作，提高工作效率，在有限的时间内全面细致完成车辆普查，确保车辆安全。

2. 检查全面

车辆使用的总成零部件、电子设施种类繁多，各项检查均涉及车辆安全和乘客服务，为确保安全，满足服务运营需求，各项零件都要检查到位，车身舱门、扶手杆、乘客座椅等项目可通过晃动方式检查紧固性，机舱、驾驶舱内的线束要目测观察有无异常，捆扎是否紧固。

3. 及时处置

检查中发现的问题要做好及时处置，部分服务设施的紧固驾驶员可以自行完成，对发动机、动力电池、气泵、空调等关键总成零部件的故障要及时向车队技术管理进行报修，贯彻执行不驾驶“带病车”上路行驶的技术纪律。

4. 做好上报

根据车辆例检完成情况，通过“智能助手”App 或职工休息室的签注一体机及时上报车辆例检情况，如实填写车辆例检项目情况，若发现问题及时向车队领导汇报。

车型1　纯电动车每日例检

纯电动车是指以车辆动力蓄电池为唯一动力来源，用电机驱动车轮行驶，符合道路交通、安全法规各项要求的车辆。纯电动车例检项目分为冷车检查和热车检查。

一、冷车检查

冷车检查主要分为车身外观检查和车厢内部检查。按照检查顺序分为：前外观、右侧外观、后外观、左侧外观和车厢内部。

1. 车身前部检查

(1)检查后视镜、前下视镜。

检查人员检查镜片及外壳是否完好,触碰后视镜、前下视镜并轻轻晃动,确保安装固定牢固。

(2)检查车身、风窗。

检查风窗玻璃是否有破损;车身是否有剐撞、掉漆、龟裂的情况;保险杠是否完好无破损;自编号是否清晰;检查号牌是否损坏、有无异物遮挡。

(3)打开车辆前机舱盖检查助力油液、喇叭及线束。

检查人员观察助力油储油罐外观是否完好,有无漏液情况,助力油的油面高度应在储油罐上下刻线之间。检查喇叭总成是否完好齐全,线束连接是否牢固,前机舱盖内其余线束连接是否有脱落或异常现象。

通过检查,确保车身前部外观各项目达到以下标准。

序号	检查项目	检查标准
1	后视镜、前下视镜	镜片及外壳完好，固定牢固
2	车辆保险杠	安全牢固，无破损
3	车身、风窗	无剐撞、掉漆、龟裂，自编号清晰，牌照安装可靠、风窗玻璃无破损
4	助力油液	助力油的油面高度应在储油罐上下刻线之间，助力油无渗漏
5	喇叭等线束	喇叭总成齐全完好，各线束连接正常，无异常情况

2. 车身右侧外观检查

具体检查作业步骤如下：

(1) 检查客门。

通过开关客门检查开关是否顺畅，有无卡顿；查看车窗处门刷、门条是否齐全完好，门窗是否严实、有无漏风；通过晃动扶手杆的方式确认车门扶手杆是否紧固，护套是否松动。

(2)检查车身、玻璃。

检查人员通过观察车身有无剐撞、掉漆、龟裂情况；观察侧窗玻璃有无破损，玻璃扣是否齐全。观察车辆标识、自编号和企业标志是否清晰完好。

(3)检查轮胎。

查看轮胎成色，观察轮辋有无裂损、胎侧有无变形、胎冠面磨损有无异常、轮胎是否亏气等问题；轴头螺栓是否齐全，有无松动、漏油情况。

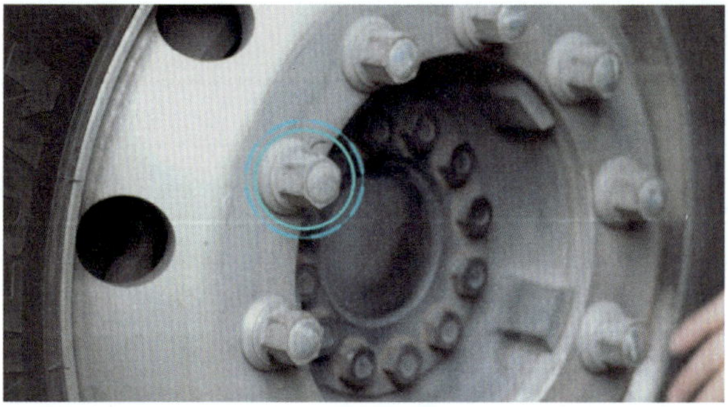

(4)检查各舱门。

检查人员通过开关舱门，检查门盖能否关闭紧合，锁具是否有效，支撑杆、防开链是否齐全、工作正常。机舱内有无杂物，有无漏油、漏气、漏电、漏冷却液等“四漏”现象。目测电池箱内动力蓄电池箱安装是否牢固，观察有无松动老化现象；目测电池线束及卡扣是否正常衔接，线束有无鼓包、起泡、拉弧现象；观察电池舱内灭火器是否齐全，并查看灭火器是否处于有效期内。

(5)检查充电口。

检查人员打开充电口盖,检查充电口盖是否齐全、完好,查看充电口内卡簧处有无烧蚀、拉弧及异物情况。

通过检查,确保车身右侧外观各检查项目达到以下标准。

序号	检查项目	检查标准
1	车身、玻璃	无剐撞、掉漆、龟裂,侧窗玻璃无破损,玻璃扣齐全。车身流水槽、排水口无缺失。车辆标识、自编号和企业标志清晰完好
2	各舱门	门盖关闭紧合,锁具有效,支撑杆、防开链齐全,工作正常;机舱内无杂物,无漏油、漏气、漏电、漏冷却液等"四漏"现象;动力电池安装牢固,无松动老化,目测电池线束及卡扣正常衔接,线束无鼓包、起泡、拉弧现象,电池舱内无漏水、异物,电池舱内灭火器齐全,在有效期内
3	客门	开关顺畅,速度适中。门刷、门条齐全完好、严实不漏风。车门扶手杆紧固,护套不松动

续上表

序号	检查项目	检查标准
4	轮胎	轮胎成色达标,轮辋无裂损,胎侧无变形,胎冠面磨损无异常,轮胎不亏气;轴头螺栓齐全、紧固无松动,无漏油
5	铰接棚	铰接棚无破损,外观完好,手动检查无松动
6	充电口	充电口盖齐全、完好,充电口内卡簧处无烧蚀、拉弧、无异物

3. 车身后部外观检查

具体检查作业步骤如下:

(1)检查车身、风窗。

观察车身有无剐撞、掉漆、龟裂情况、自编号是否清晰,保险杠是否安全牢固,牌照是否安装可靠,后风窗玻璃有无破损。

(2)检查后机舱。

检查人员打开后机舱舱门,检查门盖是否开关顺畅,锁具是否有效,支撑杆是否齐全。观察后机舱内部,支撑杆是否齐全,舱内应无杂物及“四漏”;电气线束有无脱落、裸露破损情况,远离热源。驱动电机、动力电池冷却液是否充足,膨胀水箱中的液位是否高于最低标记线,观察冷却液颜色、状态有无变色、变质现象;水箱盖及保护链应齐全、完好。

(3)检查低压蓄电池。

低压蓄电池是否固定牢靠,蓄电池箱内线束有无磨蹭、污垢及酸蚀物。

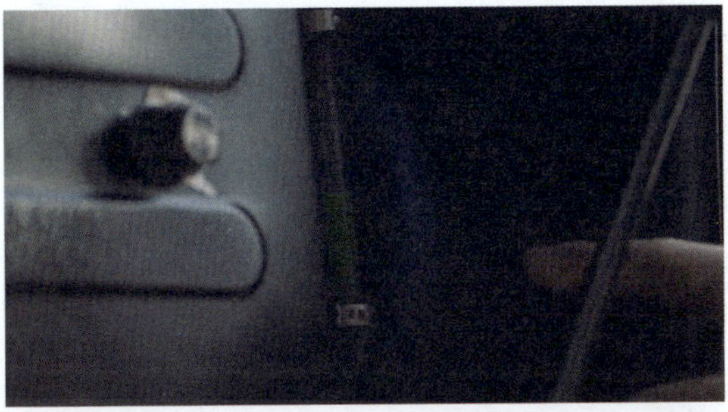

通过检查，确保车身后部外观各检查项目达到以下标准。

序号	检查项目	检查标准
1	后机舱	舱门门盖关闭盖好，锁具有效，支撑杆齐全，舱内无杂物，无“四漏”现象；电气线束固定无脱落、远离热源，隔热罩无裸露破损
2	冷却液	发动机、电池、电机冷却液无缺失，水箱盖及保护链齐全、完好。冷却液无变色、变质

续上表

序号	检查项目	检查标准
3	车辆保险杠	安全牢固,无破损
4	车身、风窗	无剐撞、掉漆、龟裂,自编号清晰,牌照安装可靠、风窗玻璃无破损
5	低压蓄电池	低压蓄电池固定牢靠,蓄电池箱内线束无磨蹭,无污垢及酸蚀物

4. 车身左侧外观检查

参照车身右侧检查标准,对车身左侧的车身、玻璃、各舱门、充电口、轮胎进行检查,逐舱门检查门盖能否关闭紧合,锁具是否有效,支撑杆、防开链是否齐全、工作正常。舱内有无杂物,有无漏油、漏气、漏电、漏冷却液等"四漏"现象。目测电池箱内动力蓄电池箱安装是否牢固,观察有无松动老化现象;目测电池线束及卡扣是否正常衔接,线束有无鼓包、起泡、拉弧现象;观察电池舱内灭火器是否齐全,并查看灭火器是否处于有效期内。

检查轮胎成色,观察轮辋有无裂损、胎侧有无变形、胎冠面磨损有无异常、轮胎是否亏气等问题;轴头螺栓是否齐全,有无松动、漏油情况。

5. 车厢内部检查

检查人员进入车厢内部,按步骤检查如下:

(1)检查立柱、扶手杠。

检查立柱、扶手杠有无短缺、损坏,护套是否齐全,有无松动;检查限位装置是否齐全有效。检查儿童购票限高标识是否清楚、完好。

(2)检查地板、围板、顶板及风道。

目测检查地板、围板、顶板及风道有无凸起、凹陷，防滑是否有效；检查各检修口门盖是否齐全，锁止是否可靠，有无凸起现象。

(3)检查驾驶舱。

开关驾驶舱舱门检查舱门是否完好、锁止可靠；观察驾驶舱内有无杂物，清洁是否到位；仔细检查驾驶区隔离防护设施及舱门是否安装牢固。

(4)检查座椅。

检查椅架安装是否牢固，有无断裂；座垫、靠背是否齐全，座椅扶手是否完好、紧固。测试安全带是否齐全有效。

(5)检查应急逃生天窗。

观察应急逃生天窗配件是否齐全，有无漏雨现象。

(6)检查灭火器及固定架。

检查灭火器固定架安装是否可靠，灭火器是否配置齐全；压力表压力值是否在合格范围内。

(7)检查安全锤。

查看安全锤是否齐全、完好;安全锤取下后报警功能是否正常、有效。

(8)检查无障碍设施。

检查坡板、靠垫、安全带、无障碍标识、车内外呼叫铃等是否齐全。

通过检查,确保车厢内部各检查项目达到以下标准。

序号	检查项目	检查标准
1	立柱、扶手杠	无短缺、损坏,护套齐全、不松动,限位装置齐全有效。儿童购票限高标识清楚、完好
2	地板、围板、顶板及风道	无凸起、凹陷,防滑有效;各处检修口门盖齐全,锁止可靠,无凸起
3	座椅	椅架安装牢固、无断裂,座垫靠背齐全,座椅扶手完好、紧固。安全带齐全有效
4	应急逃生天窗	齐全、无漏雨
5	灭火器及固定架	灭火器固定架安装可靠,灭火器配置齐全,压力在合格范围内

续上表

序号	检查项目	检查标准
6	安全锤	齐全、完好，安全锤取下后报警功能正常、有效
7	驾驶舱	舱门完好、锁止可靠、舱内无杂物，清洁到位，驾驶区隔离防护设施及舱门安装牢固
8	无障碍设施	坡板、靠垫、安全带、无障碍标识、车内外呼叫铃等齐全

二、热车检查

冷车检查无隐患后，起动车辆，可进行热车检查。

1.驾驶舱内检查

(1)检查电池电量。

检查人员查看仪表中显示的电池剩余电量(SOC)数值，查看剩余电量低限是否≥30%，确保电量满足运营使用需求。

(2)检查报警信号。

重点检查仪表面板上电流表、电压表、气压表、低液位报警信号、车门开关信号及制动指示信号等查看有无报警、异响；检查电池舱灭火器有无报警、异响等提示；查看低气压报警器效能是否完好，有无声光报警；检查报警信号与气压表指示是否同步；通过驾驶检查倒车、转弯时有无语音提示，声音是否正常。

(3)检查喇叭、刮水器。

通电后,检查人员按下喇叭按键,检查是否按下即响,音量是否正常;拨动刮水器开关,查看摇臂角度是否正常,刮水器运转速度是否均匀;通过更换挡速查看变化是否明显;查看刮水效果是否满足行车观察需求。

(4)检查转向。

检查人员分别沿方向机径向和轴向推拉转向盘,检查自由量是否大于±15°,有无旷量,按下助力按钮,检查转向操作是否灵活无卡滞。

(5)检查气路。

检查人员需仔细聆听车辆是否有漏气噪声。通过开关客门检查客门速度是否合适，应急开关开盖仪表是否有报警提示；检查车门内外及驾驶舱内截气阀门是否完好有效，功能是否正常。

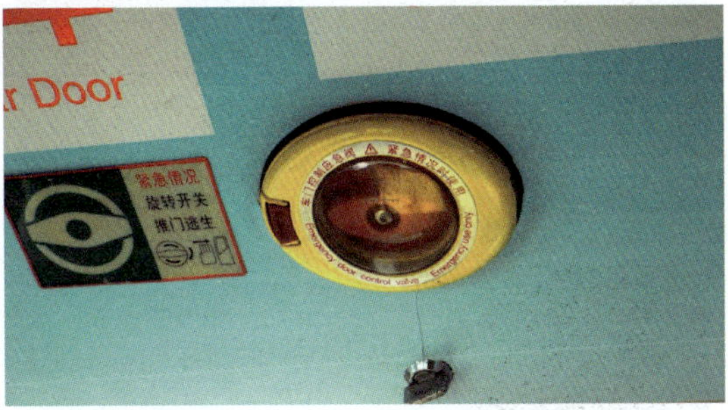

(6)检查制动。

通过踩下制动踏板检查制动是否工作正常，有无卡滞现象；通过抬脚检查制动踏板能否及时复位。气压上升至0.65MPa以上时，反复踩踏制动踏板1～2次，踩住踏板时气压表显示值是否静止，收起踏板时气压表值是否略微下降，车辆是否有气压卸荷声。低速状态下轻点制动踏板，检查制动是否灵敏有效。

(7)检查驻车制动。

车辆处于静止状态时,拉紧驻车制动器操纵杆,挂前进挡,轻点加速踏板,检查车辆能否起步,当解除驻车制动时能否及时复位。

(8)检查气囊。

操作车辆气囊,检查能否正常升降、侧倾,是否可以锁定高度。

(9)检查换挡器。

操作换挡器,检查是否齐全有效,反应是否灵敏,操作是否灵活。

(10)检查车载电子设施。

检查倒车、转向语音提示系统,是否具备语音提示;检查 IC 卡刷卡机是否正常;查看监控摄像头是否工作正常,安装是否牢固;检查语音报站和刷卡机联动是否正常;查看 CP4 显示屏网络是否在线,信号灯有无闪烁,有无故障灯;检查其他车载电子设施安装是否完好,工作是否正常。

(11)检查空调、除霜机。

通过开关空调，检查空调功能是否正常，有无报警；查看空调进风口过滤棉是否清洁、完好；检查除霜机有无异响异味。

通过检查，确保驾驶舱内各检查项目达到以下标准。

序号	检查项目	检查标准
1	电池电量	电池剩余电量(SOC)。剩余电量：低限应≥30%，满电量为90%～100%。电量需满足运营使用需求
2	仪表、信号	无报警、无异响，重点检查电流表、电压表、气压表、冷却液温度表(温度显示情况)、低液位报警信号、车门开关信号及制动指示信号等。电池舱灭火器无报警提示。低气压报警器效能完好，无声光报警，报警信号与气压表指示同步。倒车、转弯时有语音提示，声音正常
3	喇叭、刮水器	通电后按下即响，音量正常。刮水器摇臂角度正常，刮水器运转速度均匀，挡速明显，刮水效果满足行车观察需求

续上表

序号	检查项目	检查标准
4	转向	分别沿方向机径向和轴向推拉转向盘无旷量,转动灵活无卡滞,转向盘自由量不得大于±15°
5	气路	仔细聆听车辆无漏气噪声。客门开关正常,应急开关打开盖仪表有报警提示,车门内外及驾驶舱内截气阀门完好有效,功能正常
6	制动	工作正常,无卡滞,抬脚能及时复位。气压上升至 0.65MPa 以上时,反复踩踏制动踏板 1~2 次,踩住踏板时气压表显示值静止,收起踏板时气压表值略微下降,车辆有气压卸荷声。低速状态下轻点制动踏板,制动灵敏有效
7	驻车制动	拉紧驻车制动器操纵杆,挂前进挡,轻点加速踏板,车辆不能起步,解除能及时复位
8	气囊	起动车辆后操作车辆气囊,能正常升降、侧倾,可以锁定高度
9	换挡器	齐全有效,反应灵敏,操作灵活
10	车载电子设施	倒车、转向语音提示系统正常,具备语音提示;IC 卡刷卡机、监控摄像头,工作正常,安装牢固;语音报站和刷卡机联动正常;CP4 显示屏网络在线,信号灯闪烁,无故障灯;其他车载电子设施安装完好,工作正常
11	空调、除霜机	功能正常,无报警,空调进风口过滤棉清洁、完好,除霜机无异响异味

2. 车厢内检查

(1)检查灯光。

打开全部厢灯,查看灯光亮度是否符合标准,厢灯固定是否牢固,外壳是否完好。

(2)检查监控摄像头。

查看监控设备及视频角度,检查摄像头安装是否完好,安装角度是否正确。

(3)检查信息屏、滚动屏。

检查信息屏、滚动屏显示工作是否正常,有无乱码、花屏、字体缺损现象。

(4)检查移动电视。

检查移动电视显示是否完好有效,安装是否牢固。

通过检查,确保车厢内部各项目达到以下标准。

序号	检查项目	检查标准
1	灯光	灯光齐全,车内厢灯固定牢固,外壳完好,灯光亮度符合标准
2	监控摄像头	安装完好,角度正确
3	信息屏、滚动屏	显示工作正常,无乱码、字体缺损现象
4	移动电视	移动电视完好有效,安装牢固

3. 车外检查

(1)检查灯光。

检查人员在车内打开全部灯光,绕车检查全车灯光是否齐全,前照灯、转向信号灯、制动灯、侧边灯、示廓灯、牌照灯固定是否齐全牢固,亮度是否符合标准。

(2)检查路腰尾牌。

检查路腰尾牌,查看显示工作是否正常,有无乱码、花屏、字体有无缺损现象。

通过检查,确保车外各检查项目达到以下标准。

序号	检查项目	检查标准
1	路腰尾牌	显示工作正常,无乱码、字体缺损现象
2	灯光	灯光齐全,前照灯、转向信号灯、制动灯、侧边灯、示廓灯、牌照灯固定牢固,外壳完好,灯光亮度符合标准

车型 2　柴油车每日例检

柴油车是指以柴油能源为唯一动力来源，用柴油发动机驱动车轮行驶，符合道路交通、安全法规各项要求的车辆。柴油车车辆例检分为冷车检查和热车检查。

一、冷车检查

冷车检查主要分为车身外观检查和车厢内部检查。按照检查顺序分为：前部外观、右侧外观、后部外观、左侧外观和车厢内部。

1. 车身前部检查

(1)检查后视镜、前下视镜。

检查镜片及外壳是否完好，触碰后视镜、前下视镜并轻轻晃动，确保安装牢固。

(2)检查车身、风窗。

检查风窗玻璃是否有破损；车身是否有剐撞、掉漆、龟裂的情况；保险杠是否完好无破损；自编号是否清晰；检查号牌是否损坏，有无异物遮挡。

(3)打开车辆前机舱盖检查喇叭及线束。

检查喇叭总成是否完好，线束连接是否牢固，前机舱盖内其余线束连接是否有脱落，异常现象。

通过检查，确保车身前部外观各项目达到以下标准。

序号	检查项目	检查标准
1	后视镜、前下视镜	镜片及外壳完好，固定牢固
2	车辆保险杠	安全牢固，无破损
3	车身、风窗	无剐撞、掉漆、龟裂，自编号清晰，牌照安装可靠、风窗玻璃无破损
4	喇叭等线束	喇叭总成齐全完好，各线束连接正常，无异常情况

2. 车身右侧外观检查

(1)检查客门。

通过开关客门检查开关是否顺畅,有无卡顿;查看车窗处门刷、门条是否齐全完好,门窗是否严实、有无漏风;晃动扶手杆确认是否紧固,护套是否松动。

(2)检查车身、玻璃。

通过观察车身有无剐撞、掉漆、龟裂;观察侧窗玻璃有无破损,玻璃扣是否齐全。观察车辆标识、自编号和企业标志是否清晰完好。

(3)检查轮胎。

观察轮辋有无裂损、胎冠面磨损有无异常、轮胎是否亏气;轴头螺栓是否齐全,有无松动、漏油。

(4)检查各舱门。

检查人员通过开关舱门,检查门盖能否关闭紧合,锁具是否有效,支撑杆、防开链是否齐全、工作正常。机舱内有无杂物,有无漏油、漏气、漏电、漏冷却液等"四漏"现象。

(5)检查低压蓄电池。

低压蓄电池是否固定牢靠,蓄电池箱内线束有无磨蹭、污垢及酸蚀物。

(6)检查油箱及加油口盖。

检查油箱是否密封有效无渗漏,加油口盖是否齐全完好,拧紧加油口盖。

(7)检查尿素罐。

尿素溶液应位于尿素罐内1/3以上位置,检查尿素罐口有无渗漏、结晶。

通过检查,确保车身右侧外观各检查项目达到以下标准。

序号	检查项目	检查标准
1	客门	开关顺畅,速度适中。门刷、门条齐全完好、严实不漏风。车门扶手杆紧固,护套不松动
2	车身、玻璃	无剐撞、掉漆、龟裂,侧窗玻璃无破损,玻璃扣齐全。车身流水槽、排水口无缺失。车辆标识、自编号和企业标志清晰完好

续上表

序号	检查项目	检查标准
3	轮胎	轮胎成色达标,轮辋无裂损,胎侧无变形,胎冠面磨损无异常,轮胎不亏气;轴头螺栓齐全、紧固无松动,无漏油
4	各舱门	门盖关闭紧合,锁具有效,支撑杆、防开链齐全,工作正常;机舱内无杂物,无漏油、漏气、漏电、漏冷却液等“四漏”现象
5	低压蓄电池	低压蓄电池固定牢靠,蓄电池箱内线束无磨蹭,无污垢及酸蚀物
6	油箱及加注口、盖	齐全完好,无缺损,安装可靠,密封有效无渗漏
7	尿素罐	尿素溶液应位于尿素罐内 1/3 以上位置,尿素罐无渗漏,无结晶

3. 车身后部外观检查

(1)检查车身、风窗。

观察车身有无剐撞、掉漆、龟裂情况、自编号是否清晰,保险杠是否牢固,牌照是否安装可靠,后风窗玻璃有无破损。

(2)检查后机舱。

检查人员打开后机舱舱门,检查是否开关顺畅,锁具是否有效,支撑杆是否齐全。观察后机舱内部,支撑杆是否齐全,舱内应无杂物及“四漏”现象;检查电气线束有无脱落、裸露破损,是否远离热源。

(3)检查冷却液。

检查膨胀水箱中的液位是否高于最低标记线，观察冷却液颜色、状态有无变色、变质现象；水箱盖及保护链是否齐全、完好。

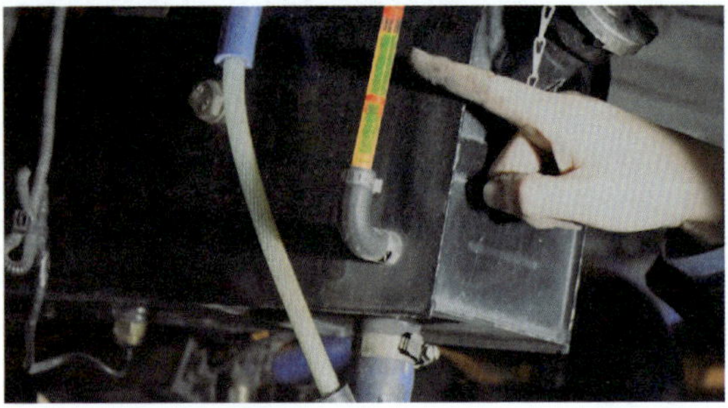

(4)检查助力油液。

观察助力油储油罐有无漏液情况；查看助力油油面高度，确保油液油面在储油罐上下刻线之间。

(5)检查发动机机油。

拔出机油尺，观察油面应在最高与最低油面刻线之间；机油颜色应为黄褐色，清亮、黏稠的液体。

(6)检查皮带和风扇。

检查皮带松紧度是否合适,观察有无老化、破损、起毛,检查风扇无异物遮挡、堵塞通风。

通过检查,确保车身外观(后)各检查项目达到以下标准。

序号	检查项目	检查标准
1	车身、风窗	无剐撞、掉漆、龟裂,自编号清晰,牌照安装可靠、风窗玻璃无破损
2	车辆保险杠	安全牢固,无破损
3	后机舱	舱门门盖关闭盖好,锁具有效,支撑杆齐全,舱内无杂物,无"四漏"现象;电气线束固定无脱落、远离热源,隔热罩无裸露破损
4	冷却液	发动机、电池、电机冷却液无缺失,水箱盖及保护链应齐全、完好。冷却液无变色、变质
5	助力油液	助力油油面高度应在储油罐上下刻线之间,助力油无渗漏
6	发动机机油	机油尺油面应在最高与最低油面刻线之间;机油颜色应为黄褐色,清亮、黏稠的液体
7	皮带和风扇	松紧度合适,无老化、破损、起毛现象,检查冷却风扇,无异物遮挡堵塞通风

4. 车身左侧外观检查

参照车身右侧检查标准,对车身左侧车身、玻璃、各舱门、轮胎进行检查,逐舱门检查门盖能否关闭紧合,锁具是否有效,支撑杆、防开链是否齐全、工作正常。舱内有无杂物，有无漏油、漏气、漏电、漏冷却液等“四漏”现象。

观察轮辋有无裂损、胎冠面磨损有无异常、轮胎是否亏气；轴头螺栓是否齐全，有无松动、漏油情况。

5. 车厢内部检查

(1) 检查立柱、扶手杠。

检查立柱、扶手杠有无短缺、损坏，护套是否齐全，有无松动；检查限位装置是否齐全有效。检查儿童购票限高标识是否清楚、完好。

(2) 检查地板、围板、顶板及风道。

目测检查地板、围板、顶板及风道有无凸起、凹陷，防滑是否有效；检查各检修口门盖是否齐全，锁止是否可靠，有无凸起现象。

(3) 检查驾驶舱。

开关驾驶舱舱门检查舱门是否完好、锁止可靠；观察驾驶舱内有无杂物，清洁是否到位；仔细检查驾驶区隔离防护设施及舱门是否安装牢固。

(4)检查座椅。

检查椅架安装是否牢固,有无断裂;座垫、靠背是否齐全,座椅扶手是否完好、紧固。测试安全带是否齐全有效。

(5)检查应急逃生天窗。

观察应急逃生天窗配件是否齐全,有无漏雨现象。

(6)检查灭火器及固定架。

检查灭火器固定架安装是否可靠,灭火器是否配置齐全;压力表压力值是否在合格范围内。

(7)检查安全锤。

查看安全锤是否齐全、完好;安全锤取下后报警功能是否正常、有效。

(8)检查无障碍设施(如有)。

检查坡板、靠垫、安全带、无障碍标识、车内外呼叫铃等是否齐全。

通过检查,确保车厢内部各检查项目达到以下标准。

序号	检查项目	检查标准
1	立柱、扶手杠	无短缺、损坏,护套齐全、不松动,限位装置齐全有效。儿童购票限高标识清楚、完好
2	地板、围板、顶板及风道	无凸起、凹陷,防滑有效;各处检修口门盖齐全,锁止可靠,无凸起
3	座椅	椅架安装牢固、无断裂,座垫靠背齐全,座椅扶手完好、紧固不松动。安全带齐全有效
4	应急逃生天窗	齐全、无漏雨
5	灭火器及固定架	灭火器固定架安装可靠,灭火器配置齐全,压力在合格范围内
6	安全锤	齐全、完好,安全锤取下后报警功能正常、有效
7	驾驶舱	舱门完好、锁止可靠、驾驶舱内无杂物,清洁到位,驾驶区隔离防护设施及舱门安装牢固
8	无障碍设施	坡板、靠垫、安全带、无障碍标识、车内外呼叫铃等齐全

二、热车检查

冷车检查无隐患后,起动车辆,可进行热车检查。

1. 驾驶舱内检查

(1)检查剩余燃油量。

观察仪表,燃油剩余量满足运营使用需求。

(2)检查报警信号。

检查仪表面板上电压表、气压表、低液位报警信号、车门开关信号及制动指示信号等查看有无报警、异响；查看低气压报警器效能是否完好，有无声光报警；检查报警信号与气压表指示是否同步；通过驾驶检查倒车、转弯时有无语音提示，声音是否正常。

(3)检查喇叭、刮水器。

按下喇叭按键，检查是否按下即响，音量是否正常；拨动刮水器开关，查看摇臂角度是否正常，刮水器速度是否均匀；通过更换挡速查看变化是否明显；查看刮水效果是否满足行车观察需求。

(4)检查转向。

转动转向盘，检查自由量是否大于±15°，有无旷量，按下助力按钮，检查转向操作是否灵活无卡滞。

(5)检查气路。

需仔细聆听车辆是否有漏气声音。通过开关客门检查客门速度是否合适，检查车门内外及驾驶舱内截气阀门是否完好有效，功能是否正常。

(6)检查制动。

通过踩下制动踏板检查制动是否工作正常，有无卡滞现象；通过抬脚检查制动踏板能否及时复位。气压上升至0.65MPa以上时，反复踩踏制动踏板1～2次，踩住踏板时气压表显示值是否静止，收起踏板时气压表值是否略微下降，车辆是否有气压卸荷声。低速状态下轻点制动踏板，检查制动是否灵敏有效。

(7)检查驻车制动。

车辆处于静止状态时，拉紧驻车制动器操纵杆，挂前进挡，轻点加速踏板，检查车辆能否起步，当解除驻车制动时能否及时复位。

(8)检查气囊。

操作车辆气囊，检查能否正常升降、侧倾，是否可以锁定高度。

(9)检查换挡器。

操作换挡器，检查是否齐全有效，反应是否灵敏，操作是否灵活。

(10)检查车载电子设施。

检查倒车、转向语音提示系统，是否具备语音提示；

检查 IC 卡刷卡机是否正常;查看监控摄像头是否工作正常,安装是否牢固;检查语音报站和刷卡机联动是否正常;查看 CP4 显示屏网络是否在线,信号灯有无闪烁,有无故障灯;检查其他车载电子设施安装是否完好,工作是否正常。

(11)检查空调、除霜机。

通过开关空调,检查空调功能是否正常,有无报警;查看空调进风口过滤棉是否清洁、完好;检查除霜机有无异响异味。

(12)手动挡车辆检查离合(如有)。

踩踏离合踏板,检查踏板自由行程正常,挂挡时无异响、抖动或打滑等情况。

(13)检查燃油加热。

冬季时打开燃油加热开关,观察燃油加热装置面板显示有无报警、异常故障灯显示。

(14)检查尾气。

通过后视镜观察车辆尾气,排放应无色。出现黑烟、蓝烟、白烟等其他颜色,均为尾气排放不合格。

通过检查,确保驾驶舱内各检查项目达到以下标准。

序号	检查项目	检查标准
1	燃油量	检查人员通过起动后观察车辆仪表,剩余量满足运营使用需求
2	仪表、信号	无报警、无异响,重点检查电压表、气压表、机油压力表、冷却液温度表(温度显示情况)、低液位报警信号、车门开关信号及制动指示信号等。低气压报警器效能完好,无声光报警,无 OBD、MIL 等报警信号,报警信号与气压表指示同步,倒车、转弯时有语音提示,声音正常
3	喇叭、刮水器	通电后按下即响,音量正常。刮水器摇臂角度正常,刮水速度均匀,挡速明显,刮水效果满足行车观察需求
4	转向	分别沿方向机径向和轴向推拉转向盘无旷量,转动灵活无卡滞,转向盘自由量不得大于 $\pm 15°$
5	气路	仔细聆听车辆无漏气噪声。客门开关正常,应急开关打开盖仪表有报警提示,车门内外及驾驶舱内截气阀门完好有效,功能正常
6	制动	工作正常,无卡滞,抬脚能及时复位。气压上升至 0.65MPa 以上时,反复踩踏制动踏板 1～2 次,踩住踏板时气压表显示值静止,收起踏板时气压表值略微下降,车辆有气压卸荷声。低速状态下轻点制动踏板,制动灵敏有效
7	驻车制动	拉紧驻车制动器操纵杆,挂前进挡,轻点加速踏板,车辆不能起步,解除能及时复位

续上表

序号	检查项目	检查标准
8	气囊	起动车辆后操作车辆气囊,能正常升降、侧倾,可以锁定高度
9	换挡器	齐全有效,反应灵敏,操作灵活
10	车载电子设施	检查倒车、转向语音提示系统,具备语音提示;IC 卡刷卡机、监控摄像头,工作正常,安装牢固;语音报站和刷卡机联动正常;CP4 显示屏网络在线,信号灯闪烁,无故障灯;其他车载电子设施安装完好,工作正常
11	空调、暖风、除霜机	功能正常,无报警,空调进风口过滤棉清洁、完好,除霜机无异响异味
12	手动挡离合器	踏板自由行程正常,挂挡时无异响、抖动或打滑等情况
13	燃油加热	冬季燃油加热装置工作正常,无报警、异常故障显示
14	尾气	尾气排放应无色。出现黑烟、蓝烟、白烟等其他颜色,均为尾气排放不合格

2. 车厢内检查

(1)检查灯光。

打开全部厢灯,查看灯光亮度是否符合标准,厢灯固定是否牢固,外壳是否完好。

(2)检查监控摄像头。

查看监控设备及视频角度,检查摄像头安装是否完好,安装角度是否正确。

(3)检查信息屏、滚动屏。

检查信息屏、滚动屏显示工作是否正常,有无乱码、花屏、字体缺损现象。

(4)检查移动电视。

检查移动电视显示是否完好有效,安装是否牢固。

通过检查,确保车厢内部各项目达到以下标准。

序号	检查项目	检查标准
1	灯光	灯光齐全,车内厢灯固定牢固,外壳完好,灯光亮度符合标准
2	监控摄像头	安装完好,角度正确
3	信息屏、滚动屏	显示工作正常,无乱码、字体缺损现象
4	移动电视	移动电视完好有效,安装牢固

3. 车外检查

(1)检查灯光。

在车内打开全部灯光,绕车检查全车灯光是否齐全,前照灯、转向信号灯、制动灯、侧边灯、示廓灯、牌照灯是否齐全牢固,亮度是否符合标准。

(2)检查路腰尾牌。

检查路腰尾牌,查看显示工作是否正常,有无乱码、花屏、字体有无缺损现象。

通过检查,确保车外各检查项目达到以下标准。

序号	检查项目	检查标准
1	路腰尾牌	显示工作正常,无乱码、字体缺损现象
2	灯光	灯光齐全,前照灯、转向信号灯、制动灯、侧边灯、示廓灯、牌照灯固定牢固,外壳完好,灯光亮度符合标准

车型3 燃气车每日例检

燃气车是指以天然气或液化天然气能源为唯一动力来源,用燃气发动机驱动车轮行驶,符合道路交通、安全法规各项要求的车辆。燃气车车辆例检分为冷车检查和热车检查。

一、冷车检查

冷车检查主要分为车身外观检查和车厢内部检查。按照检查顺序分为:前部外观、右侧外观、后部外观、左侧外观和车厢内部。

1. 车身前部检查

(1)检查后视镜、前下视镜。

检查镜片及外壳是否完好,触碰后视镜、前下视镜并轻轻晃动,确保安装牢固。

(2)检查车身、风窗。

检查风窗玻璃是否有破损;车身是否有剐撞、掉漆、龟裂的情况;保险杠是否完好无破损;自编号是否清晰;检查号牌是否损坏、有无异物遮挡。

(3)打开车辆前机舱盖检查喇叭及线束。

检查喇叭总成是否完好,线束连接是否牢固,前机舱盖内其余线束连接是否有脱落,异常现象。

通过检查,确保车身前部外观各项目达到以下标准。

序号	检查项目	检查标准
1	后视镜、前下视镜	镜片及外壳完好,固定牢固
2	车辆保险杠	安全牢固,无破损
3	车身、风窗	无剐撞、掉漆、龟裂,自编号清晰,牌照安装可靠、风窗玻璃无破损

续上表

序号	检查项目	检查标准
4	喇叭等线束	喇叭总成齐全完好,各线束连接正常,无异常情况

2. 车身右侧外观检查

(1)检查客门。

检查开关是否顺畅,有无卡顿;车窗处门刷、门条是否齐全完好,门窗是否严实、有无漏风;晃动扶手杆确认是否紧固,护套是否松动。

(2)检查车身、玻璃。

检查车身有无剐撞、掉漆、龟裂;侧窗玻璃有无破损,玻璃扣是否齐全。车辆标识、自编号和企业标志是否清晰完好。

(3)检查轮胎。

观察轮辋有无裂损、胎冠面磨损有无异常、轮胎是否亏气;轴头螺栓是否齐全,有无松动、漏油。

(4)检查各舱门。

打开各舱门检查门盖能否关闭紧合，锁具是否有效，支撑杆、防开链是否齐全、工作正常。机舱内有无杂物，有无漏油、漏气、漏电、漏冷却液等“四漏”现象。

(5)检查低压蓄电池。

低压蓄电池是否固定牢靠，蓄电池箱内线束有无磨蹭、污垢及酸蚀物。

(6)检查加气舱。

检查加气舱内加气嘴、护套是否齐全完好，密封有效无渗漏，检查汽压器处无结霜现象。

(7)检查 LNG 气瓶及供气管路。

检查各管路连接接头处无结霜、冒白烟现象。

通过检查,确保车身右侧外观各检查项目达到以下标准。

序号	检查项目	检查标准
1	车身、玻璃	无剐撞、掉漆、龟裂,侧窗玻璃无破损,玻璃扣齐全。车身流水槽、排水口无缺失。车辆标识、自编号和企业标志清晰完好
2	各舱门	门盖关闭紧合,锁具有效,支撑杆、防开链齐全,工作正常;机舱内无杂物,无漏油、漏气、漏电、漏冷却液等“四漏”现象
3	客门	开关顺畅,速度适中。门刷、门条齐全完好、严实不漏风。车门扶手杆紧固,护套不松动
4	轮胎	轮胎成色达标,轮辋无裂损,胎侧无变形,胎冠面磨损无异常,轮胎不亏气;轴头螺栓齐全、紧固无松动,无漏油
5	低压蓄电池	低压蓄电池固定牢靠,蓄电池箱内线束无磨蹭,无污垢及酸蚀物
6	加气舱	加气嘴及护套齐全完好,无缺损,安装可靠,密封有效无渗漏,汽压器处无结霜现象
7	LNG 气瓶及供气管路	各管路连接接头处无结霜、冒白烟现象(储液瓶出液管路、增压管路、经济调压管路在工作时产生霜或结冰是正常现象,但输液管路各连接接头不能冒白烟,储液瓶瓶体不得有结霜结冰现象)

3. 车身后部外观检查

(1)检查车身、风窗。

观察车身有无剐撞、掉漆、龟裂情况、自编号是否清晰,保险杠是否牢固,牌照是否安装可靠,后风窗玻璃有无破损。

(2)检查后机舱。

检查人员打开后机舱舱门,检查是否开关顺畅,锁具是否有效,支撑杆是否齐全。观察后机舱内部,支撑杆是否齐全,舱内应无杂物及"四漏"现象;检查电气线束有无脱落、裸露破损,是否远离热源。

(3)检查冷却液。

检查膨胀水箱中的液位是否高于最低标记线,观察冷却液颜色、状态有无变色、变质现象;水箱盖及保护链是否齐全、完好。

(4)检查助力油液。

观察助力油储油罐有无漏液情况;查看助力油油面高度,确保油液油面在储油罐上下刻线之间。

(5)检查发动机机油。

拔出机油尺,观察油面应在最高与最低油面刻线之间;机油颜色应为黄褐色,清亮、黏稠的液体。

(6)检查皮带和风扇。

检查皮带松紧度是否合适,观察有无老化、破损、起毛,检查风扇无异物遮挡、堵塞通风。

(7)检查导静电橡胶拖地带。

检查拖地带是否接地,符合标准。

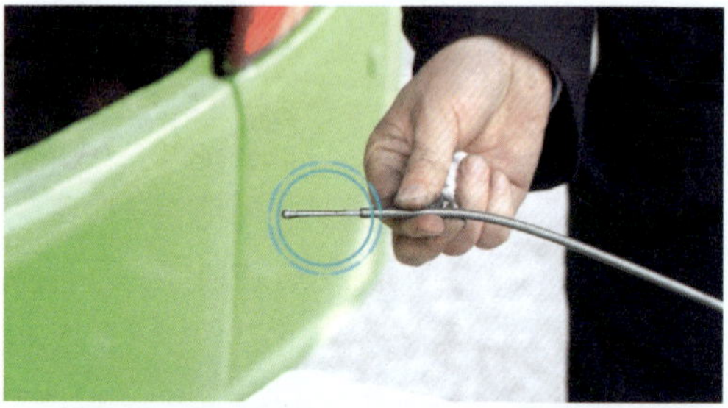

通过检查，确保车身后部各检查项目达到以下标准。

序号	检查项目	检查标准
1	后机舱	舱门门盖关闭盖好，锁具有效，支撑杆齐全，舱内无杂物，无“四漏”现象；电气线束固定无脱落、远离热源，隔热罩无裸露破损
2	冷却液	发动机、电池、电机冷却液无缺失，水箱盖及保护链应齐全、完好。冷却液无变色、变质
3	助力油液	助力油油面高度应在储油罐上下刻线之间，助力油无渗漏
4	车辆保险杠	安全牢固，无破损
5	车身、风窗	无剐撞、掉漆、龟裂，自编号清晰，牌照安装可靠、风窗玻璃无破损

续上表

序号	检查项目	检查标准
6	发动机机油	机油尺油面应在最高与最低油面刻线之间;机油颜色应为黄褐色,清亮、黏稠的液体
7	皮带和风扇	松紧度合适,无老化、破损、起毛现象,检查冷却风扇,无异物遮挡堵塞通风
8	导静电橡胶拖地带	拖地带接地端无论空、满载应始终接地,接地要求不小于30mm

4. 车身左侧外观检查

参照车身右侧检查标准,对车身左侧车身、玻璃、各舱门、轮胎进行检查,逐舱门检查门盖能否关闭紧合,锁具是否有效,支撑杆、防开链是否齐全、工作正常。舱内有无杂物,有无漏油、漏气、漏电、漏冷却液等"四漏"现象。

观察轮辋有无裂损、胎冠面磨损有无异常、轮胎是否亏气;轴头螺栓是否齐全,有无松动、漏油。

5. 车厢内部检查

(1)检查立柱、扶手杠。

检查立柱、扶手杠有无短缺、损坏,护套是否齐全,有无松动;检查限位装置是否齐全有效。检查儿童购票限高标识是否清楚、完好。

(2)检查地板、围板、顶板及风道。

目测检查地板、围板、顶板及风道有无凸起、凹陷,防滑是否有效;检查各检修口门盖是否齐全,锁止是否可靠,有无凸起现象。

(3)检查驾驶舱。

开关驾驶舱舱门检查舱门是否完好、锁止可靠;观察驾驶舱内有无杂物,清洁是否到位;仔细检查驾驶区隔离防护设施及舱门是否安装牢固。

(4)检查座椅。

检查椅架安装是否牢固,有无断裂;座垫、靠背是否齐全,座椅扶手是否完好、紧固。测试安全带是否齐全有效。

(5)检查应急逃生天窗。

观察应急逃生天窗配件是否齐全,有无漏雨现象。

(6)检查灭火器及固定架。

检查灭火器固定架安装是否可靠,灭火器是否配置齐全;压力表压力值是否在合格范围内。

(7)检查安全锤。

查看安全锤是否齐全、完好,功能是否正常、有效。

(8)检查无障碍设施(如有)。

检查坡板、靠垫、安全带、无障碍标识、车内外呼叫铃等是否齐全。

通过检查，确保车厢内部各检查项目达到以下标准。

序号	检查项目	检查标准
1	立柱、扶手杠	无短缺、损坏，护套齐全、不松动，限位装置齐全有效。儿童购票限高标识清楚、完好
2	地板、围板、顶板及风道	无凸起、凹陷，防滑有效；各处检修口门盖齐全，锁止可靠，无凸起
3	座椅	椅架安装牢固、无断裂，座垫靠背齐全，座椅扶手完好、紧固不松动。安全带齐全有效
4	应急逃生天窗	齐全、无漏雨
5	灭火器及固定架	灭火器固定架安装可靠，灭火器配置齐全，压力在合格范围内
6	安全锤	齐全、完好，安全锤取下后报警功能正常、有效
7	驾驶舱	舱门完好、锁止可靠、驾驶舱内无杂物，清洁到位，驾驶区隔离防护设施及舱门安装牢固
8	无障碍设施	坡板、靠垫、安全带、无障碍标识、车内外呼叫铃等齐全

二、热车检查

冷车检查无隐患后，起动车辆，可进行热车检查。

1. 驾驶舱内检查

(1)检查剩余燃气量。

观察燃气仪表，燃气剩余量和燃气压力满足运营使用需求。

（2）检查报警信号。

检查仪表面板上电压表、气压表、低液位报警信号、车门开关信号及制动指示信号等查看有无报警、异响；查看低气压报警器效能是否完好，有无声光报警；检查报警信号与气压表指示是否同步；通过驾驶检查倒车、转弯时有无语音提示，声音是否正常。

（3）检查喇叭、刮水器。

按下喇叭按键，检查音量是否正常；查看刮水器摇臂角度是否正常，速度是否均匀；刮水效果是否满足行车观察需求。

（4）检查转向。

转动转向盘，检查自由量是否大于±15°，有无旷量，按下助力按钮，检查转向操作是否灵活无卡滞。

（5）检查气路。

需仔细聆听车辆是否有漏气声音。通过开关客门检查客门速度是否合适，检查截气阀门是否完好有效，功能是否正常。

(6)检查制动。

通过踩下制动踏板检查制动是否工作正常,有无卡滞现象;通过抬脚检查制动踏板能否及时复位。气压上升至0.65MPa 以上时,反复踩踏制动踏板 1 ~ 2 次,踩住踏板时气压表显示值是否静止,收起踏板时气压表值是否略微下降,车辆是否有气压卸荷声。低速状态下轻点制动踏板,检查制动是否灵敏有效。

(7)检查驻车制动。

车辆处于静止状态时,拉紧驻车制动器操纵杆,挂前进挡,轻点加速踏板,检查车辆能否起步,解除驻车制动时能否及时复位。

(8)检查气囊。

操作车辆气囊,检查能否正常升降、侧倾,是否可以锁定高度。

(9)检查换挡器。

操作换挡器,检查是否齐全有效,反应是否灵敏,操作是否灵活。

(10)检查车载电子设施。

检查倒车、转向语音提示系统,是否具备语音提示;检查IC卡刷卡机是否正常;查看监控摄像头是否工作正常,安装是否牢固;检查语音报站和刷卡机联动是否正常;查看CP4显示屏网络是否在线,信号灯有无闪烁,有无故障灯;检查其他车载电子设施安装是否完好,工作是否正常。

(11)检查空调、除霜机。

通过开关空调,检查空调功能是否正常,有无报警;查看空调进风口过滤棉是否清洁、完好;检查除霜机有无异响异味。

(12)检查燃气报警器。

燃气报警器应无报警或故障提示。

(13)检查尾气。

通过后视镜观察车辆尾气,排放应无色。出现黑烟、蓝烟、白烟等其他颜色,均为尾气排放不合格。

通过检查,确保驾驶舱内各检查项目达到以下标准。

序号	检查项目	检查标准
1	燃气量	通过起动后车辆仪表观察,剩余量满足运营使用需求,LNG能源车辆可通过加气面板气瓶压力机械表判断,其正常显示值为0.6~1.2MPa

续上表

序号	检查项目	检查标准
2	仪表、信号	无报警、无异响，重点检查电压表、气压表、机油压力表、冷却液温度表（温度显示情况）、低液位报警信号、车门开关信号及制动指示信号等。无 OBD、MIL 等报警信号；低气压报警器效能完好，无声光报警，报警信号与气压表指示同步，倒车、转弯时有语音提示，声音正常
3	喇叭、刮水器	通电后按下即响，音量正常。刮水器摇臂角度正常，刮水速度均匀，挡速明显，刮水效果满足行车观察需求
4	转向	分别沿方向机径向和轴向推拉转向盘无旷量，转动灵活无卡滞，转向盘自由量不得大于 ±15°
5	气路	仔细聆听车辆无漏气噪声。客门开关正常，应急开关打开盖仪表有报警提示，车门内外及驾驶舱内截气阀门完好有效，功能正常
6	制动	工作正常，无卡滞，抬脚能及时复位。气压上升至 0.65MPa 以上时，反复踩踏制动踏板 1～2 次，踩住踏板时气压表显示值静止，收起踏板时气压表值略微下降，车辆有气压卸荷声。低速状态下轻点制动踏板，制动灵敏有效
7	驻车制动	拉紧驻车制动器操纵杆，挂前进挡，轻点加速踏板，车辆不能起步，解除能及时复位
8	气囊	起动车辆后操作车辆气囊，能正常升降、侧倾，可以锁定高度

续上表

序号	检查项目	检查标准
9	换挡器	齐全有效，反应灵敏，操作灵活
10	车载电子设施	检查倒车、转向语音提示系统，具备语音提示；IC卡刷卡机、监控摄像头，工作正常，安装牢固；语音报站和刷卡机联动正常；CP4显示屏网络在线，信号灯闪烁，无故障灯；其他车载电子设施安装完好，工作正常
11	空调、暖风、除霜机	功能正常，无报警，空调进风口过滤棉清洁、完好，除霜机无异响异味
12	燃气报警器	无报警或故障提示
13	尾气	尾气排放应无色。出现黑烟、蓝烟、白烟等其他颜色，均为尾气排放不合格

2. 车厢内检查

(1)检查灯光。

打开全部厢灯，查看灯光亮度是否符合标准，厢灯固定是否牢固，外壳是否完好。

(2)检查监控摄像头。

查看监控设备及视频角度，检查摄像头安装是否完好，安装角度是否正确。

(3)检查信息屏、滚动屏。

检查信息屏、滚动屏显示工作是否正常，有无乱码、花屏、字体缺损现象。

(4)检查移动电视。

检查移动电视显示是否完好有效，安装是否牢固。

通过检查,确保车厢内部各项目达到以下标准。

序号	检查项目	检查标准
1	灯光	灯光齐全,车内厢灯固定牢固,外壳完好,灯光亮度符合标准
2	监控摄像头	安装完好,角度正确
3	信息屏、滚动屏	显示工作正常,无乱码、字体缺损现象
4	移动电视	移动电视完好有效,安装牢固

3. 车外检查

(1)检查灯光。

在车内打开全部灯光,绕车检查全车灯光是否齐全,前照灯、转向信号灯、制动灯、侧边灯、示廓灯、牌照灯固定是否齐全牢固,亮度是否符合标准。

(2)检查路腰尾牌。

检查路腰尾牌,查看显示工作是否正常,有无乱码、花屏、字体有无缺损现象。

通过检查,确保车外各检查项目达到以下标准。

序号	检查项目	检查标准
1	路腰尾牌	显示工作正常,无乱码、字体缺损现象
2	灯光	灯光齐全,前照灯、转向信号灯、制动灯、侧边灯、示廓灯、牌照灯固定牢固,外壳完好,灯光亮度符合标准

车型4　柴油增程车每日例检

柴油增程式电动汽车是一种以纯电动驱动行驶的插电式串联混合动力汽车，其动力系统由动力电池系统、动力驱动系统、增程器和整车控制系统组成，柴油能源负责驱动增程器，不负责整车动力，属于新能源车辆。柴油增程车车辆例检项目分为冷车检查和热车检查。主要包括车身外观检查、车厢内部检查、驾驶舱内检查等方面。

一、冷车检查

冷车检查主要分为车身外观检查和车厢内部检查。按照检查顺序分为：前部外观、右侧外观、后部外观、左侧外观和车厢内部。

1. 车身前部检查

(1)检查后视镜、前下视镜。

检查镜片及外壳是否完好，触碰后视镜、前下视镜并轻轻晃动，确保安装牢固。

(2)检查车身、风窗。

检查风窗玻璃是否有破损；车身是否有剐撞、掉漆、龟裂的情况；保险杠是否完好无破损；自编号是否清晰；检查号牌是否损坏、有无异物遮挡。

(3)检查喇叭及线束。

打开车辆前机舱盖检查喇叭总成是否完好，线束连接是否牢固，前机舱盖内其余线束连接是否有脱落，异常现象。

通过检查，确保车身前部外观各项目达到以下标准。

序号	检查项目	检查标准
1	后视镜、前下视镜	镜片及外壳完好，固定牢固
2	车辆保险杠	安全牢固，无破损
3	车身、风窗	无剐撞、掉漆、龟裂，自编号清晰，牌照安装可靠、风窗玻璃无破损
4	喇叭等线束	喇叭总成齐全完好，各线束连接正常，无异常情况

2. 车身右侧外观检查

(1)检查客门。

通过开关客门检查开关是否顺畅，有无卡顿；查看车窗处门刷、门条是否齐全完好，门窗是否严实、有无漏风；晃动扶手杆确认是否紧固，护套是否松动。

(2)检查车身、玻璃。

通过观察车身有无剐撞、掉漆、龟裂；观察侧窗玻璃有无破损，玻璃扣是否齐全。观察车辆标识、自编号和企业标志是否清晰完好。

(3)检查轮胎。

观察轮辋有无裂损、胎冠面磨损有无异常、轮胎是否亏气;轴头螺栓是否齐全,有无松动、漏油。

(4)检查各舱门。

检查人员通过开关舱门,检查门盖能否关闭紧合,锁具是否有效,支撑杆、防开链是否齐全有效。观察机舱内有无杂物,有无漏油、漏气、漏电、漏冷却液等"四漏"现象。目测电池箱动力蓄电池箱有无松动老化现象;目测电池线束及卡扣是否正常衔接,线束有无鼓包、起泡、拉弧现象;电池舱内灭火器是否齐全完好。

(5)检查低压蓄电池。

低压蓄电池是否固定牢靠,蓄电池箱内线束有无磨蹭、污垢及酸蚀物。

(6)检查油箱及加油口盖。

检查油箱是否有渗漏,加油口盖是否齐全完好,拧紧加油口盖。

(7)检查尿素罐。

尿素溶液应位于尿素罐内1/3以上位置,检查尿素罐口有无渗漏、结晶。

(8)检查充电口。

检查人员通过打开充电口盖的方式检查充电口盖是否齐全、完好,查看充电口内卡簧处有无烧蚀、拉弧及异物情况。

通过检查,确保车身右侧外观各检查项目达到以下标准。

序号	检查项目	检查标准
1	车身、玻璃	无剐撞、掉漆、龟裂,侧窗玻璃无破损,玻璃扣齐全。车身流水槽、排水口无缺失。车辆标识、自编号和企业标志清晰完好
2	各舱门	门盖关闭紧合,锁具有效,支撑杆、防开链齐全、工作正常。机舱内无杂物,无漏油、漏气、漏电、漏冷却液等“四漏”现象。目测电池箱动力蓄电池箱安装牢固,无松动老化现象;电池线束及卡扣正常衔接,线束无鼓包、起泡、拉弧现象;检查电池舱内无漏水、异物;电池舱内灭火器齐全,处于有效期内

续上表

序号	检查项目	检查标准
3	客门	开关顺畅，速度适中。门刷、门条齐全完好、严实不漏风。车门扶手杆紧固，护套不松动
4	轮胎	轮胎成色达标，轮辋无裂损，胎侧无变形，胎冠面磨损无异常，轮胎不亏气；轴头螺栓齐全、紧固无松动，无漏油
5	低压蓄电池	低压蓄电池固定牢靠，蓄电池箱内线束无磨蹭，无污垢及酸蚀物
6	油箱及加注口、盖	齐全完好，无缺损，安装可靠，密封有效无渗漏
7	尿素罐	尿素溶液应位于尿素罐内1/3以上位置，尿素罐无渗漏，无结晶
8	充电口	充电口盖齐全、完好，充电口内卡簧无烧蚀、拉弧及异物

3. 车身后部外观检查

(1)检查车身、风窗。

观察车身有无剐撞、掉漆、龟裂情况、自编号是否清晰，保险杠是否牢固，牌照是否安装可靠，后风窗玻璃有无破损。

(2)检查后机舱。

检查人员打开后机舱舱门，检查是否开关顺畅，锁具是否有效，支撑杆是否齐全。观察后机舱内部，支撑杆是否齐全，舱内应无杂物及“四漏”现象；检查电气线束有无脱落、裸露破损，是否远离热源。

(3)检查冷却液。

检查膨胀水箱中的液位是否高于最低标记线，观察冷却液颜色、状态有无变色、变质现象；水箱盖及保护链是否齐全、完好。

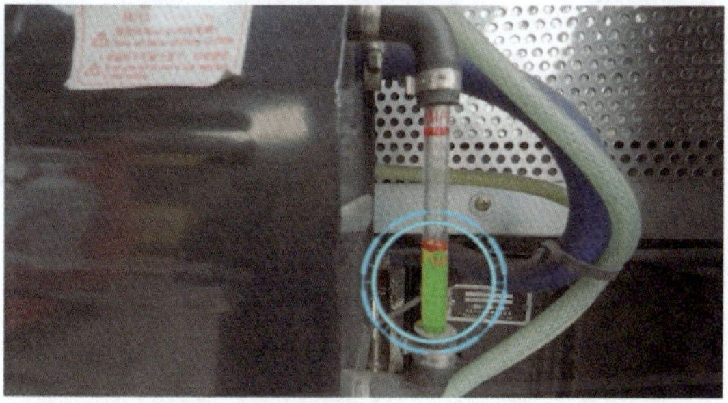

(4)检查助力油液。

观察助力油储油罐有无漏液情况；查看助力油油面高度，确保油液油面在储油罐上下刻线之间。

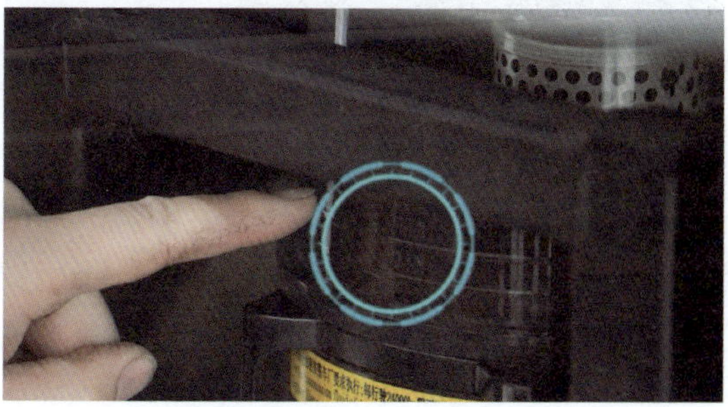

(5)检查发动机机油。

拔出机油尺,观察油面应在最高与最低油面刻线之间;机油颜色应为黄褐色,清亮、黏稠的液体。

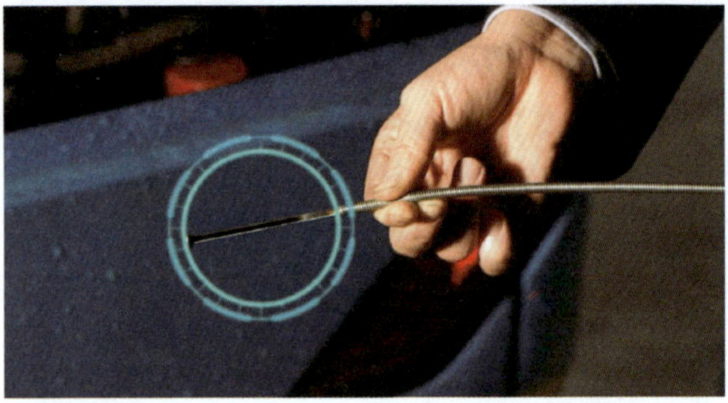

(6)检查皮带和风扇。

检查皮带松紧度是否合适,观察有无老化、破损、起毛,检查风扇无异物遮挡、堵塞通风。

通过检查,确保车身后部各检查项目达到以下标准。

序号	检查项目	检查标准
1	后机舱	舱门门盖关闭盖好,锁具有效,支撑杆齐全,舱内无杂物,无“四漏”现象;电气线束固定无脱落、远离热源,隔热罩无裸露破损
2	冷却液	发动机、电池、电机冷却液无缺失,水箱盖及保护链应齐全、完好。冷却液无变色、变质
3	助力油液	助力油油面高度应在储油罐上下刻线之间,助力油无渗漏
4	车辆保险杠	安全牢固,无破损
5	车身、风窗	无剐撞、掉漆、龟裂,自编号清晰,牌照安装可靠、风窗玻璃无破损
6	发动机机油	机油尺油面应在最高与最低油面刻线之间;机油颜色应为黄褐色,清亮、黏稠的液体
7	皮带和风扇	松紧度合适,无老化、破损、起毛现象,检查冷却风扇,无异物遮挡堵塞通风

4. 车身左侧外观检查

参照车身右侧检查标准,对车身左侧车身、玻璃、各舱门、轮胎进行检查,逐舱门检查门盖能否关闭紧合,锁具是否有效,支撑杆、防开链是否齐全有效。观察机舱内有无杂物,有无漏油、漏气、漏电、漏冷却液等“四漏”现象。目测电池箱动力蓄电池箱有无松动老化现象;目测电池线束及卡扣是否正常衔接,线束有无鼓包、起泡、拉弧现象;电池舱内灭火器是否齐全完好。

观察轮辋有无裂损、胎冠面磨损有无异常、轮胎是否亏气;轴头螺栓是否齐全,有无松动、漏油情况。

5. 车厢内部检查

(1)检查立柱、扶手杠。

检查立柱、扶手杠有无短缺、损坏,护套是否齐全,有无松动;检查限位装置是否齐全有效。检查儿童购票限高标识是否清楚、完好。

(2)检查地板、围板、顶板及风道。

目测检查地板、围板、顶板及风道有无凸起、凹陷,防滑是否有效;检查各检修口门盖是否齐全,锁止是否可靠,有无凸起现象。

(3)检查驾驶舱。

检查舱门是否完好、锁止可靠;观察驾驶舱内有无杂物;检查驾驶区隔离防护设施是否牢固。

(4)检查座椅。

检查椅架安装是否牢固,有无断裂;座垫、靠背是否齐全,座椅扶手是否完好、紧固。座椅安全带是否齐全有效。

(5)检查应急逃生天窗。

观察应急逃生天窗配件是否齐全,有无漏雨现象。

(6)检查灭火器及固定架。

检查灭火器固定架安装是否可靠,灭火器是否配置齐全;压力表压力值是否在合格范围内。

(7)检查安全锤。

检查安全锤是否齐全、完好。

(8)检查无障碍设施。

检查坡板、靠垫、安全带、无障碍标识等是否齐全。

通过检查,确保车厢内部各检查项目达到以下标准。

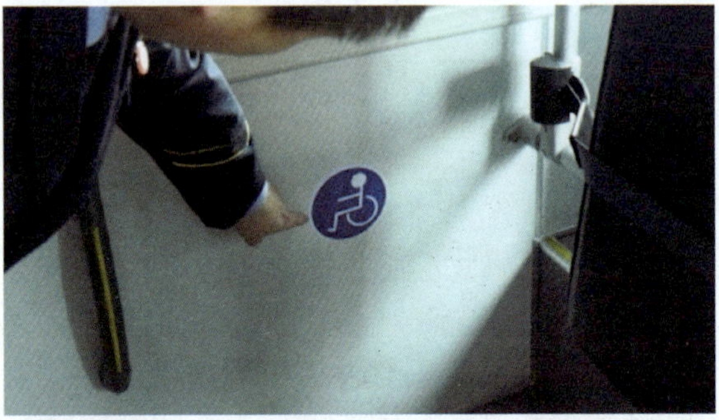

序号	检查项目	检查标准
1	立柱、扶手杠	无短缺、损坏，护套齐全、不松动，限位装置齐全有效。儿童购票限高标识清楚、完好
2	地板、围板、顶板及风道	无凸起、凹陷，防滑有效；各处检修口门盖齐全，锁止可靠，无凸起
3	座椅	椅架安装牢固、无断裂，座垫靠背齐全，座椅扶手完好、紧固不松动。安全带齐全有效

续上表

序号	检查项目	检查标准
4	应急逃生天窗	齐全、无漏雨
5	灭火器及固定架	灭火器固定架安装可靠,灭火器配置齐全,压力在合格范围内
6	安全锤	齐全、完好,安全锤取下后报警功能正常、有效
7	驾驶舱	舱门完好、锁止可靠、驾驶舱内无杂物,清洁到位,驾驶区隔离防护设施及舱门安装牢固
8	无障碍设施	坡板、靠垫、安全带、无障碍标识、车内外呼叫铃等齐全

二、热车检查

冷车检查无隐患后,起动车辆,可进行热车检查。

1. 驾驶舱内检查

(1)检查剩余燃油量。

观察仪表,燃油剩余量满足运营使用需求。

(2)检查报警信号。

检查仪表面板上电流表、电压表、气压表、低液位报警信号、车门开关信号及制动指示信号等有无报警、异响;检查电池舱灭火器有无报警、异响等提示;检查有无OBD、MIL等报警信号;查看低气压报警器效能是否完好,有无声光报警;检查报警信号与气压表指示是否同步;通过驾驶检查倒车、转弯时有无语音提示,声音是否正常。

(3)检查喇叭、刮水器。

按下喇叭按键,检查是否按下即响,音量是否正常;拨动刮水器开关,查看摇臂角度是否正常,刮水速度是否均匀;通过更换挡速查看变化是否明显;查看刮水效果是否满足行车观察需求。

(4)检查转向。

转动转向盘自由量是否大于 ±15°,有无旷量,按下助力按钮,检查转向操作是否灵活无卡滞。

(5)检查气路。

需仔细聆听车辆是否有漏气声音。通过开关客门检查客门速度是否合适,检查车门内外及驾驶舱内截气阀门是否完好有效,功能是否正常。

(6)检查制动。

通过踩下制动踏板检查制动是否工作正常,有无卡滞现象;通过抬脚检查制动踏板能否及时复位。气压上升至 0.65MPa 以上时,反复踩踏制动踏板 1 ~ 2 次,踩住踏板时气压表显示值是否静止,收起踏板时气压表值是否略微下降，车辆是否有气压卸荷声。低速状态下轻点制动踏板，检查制动是否灵敏有效。

(7)检查驻车制动。

车辆处于静止状态时，拉紧驻车制动器操纵杆，挂前进挡，轻点加速踏板，检查车辆能否起步，当解除驻车制动时能否及时复位。

(8)检查气囊。

操作车辆气囊，检查能否正常升降、侧倾，是否可以锁定高度。

(9)检查换挡器。

操作换挡器，检查是否齐全有效，反应是否灵敏，操作是否灵活。

(10)检查车载电子设施。

检查倒车、转向语音提示系统，是否具备语音提示；检查 IC 卡刷卡机是否正常；查看监控摄像头是否工作正常，安装是否牢固；检查语音报站和刷卡机联动是否正常；查看 CP4 显示屏网络是否在线，信号灯有无闪烁，有无故障灯；检查其他车载电子设施安装是否完好，工作是否正常。

(11)检查空调、除霜机。

通过开关空调，检查空调功能是否正常，有无报警；查看空调进风口过滤棉是否清洁、完好；检查除霜机有无异响异味。

(12)检查燃油加热。

冬季时打开燃油加热开关，观察燃油加热装置面板显示有无报警、异常故障灯显示。

(13)检查尾气。

通过后视镜观察车辆尾气,排放应无色。出现黑烟、蓝烟、白烟等其他颜色,均为尾气排放不合格。

通过检查,确保驾驶舱内各检查项目达到以下标准。

序号	检查项目	检查标准
1	燃油量	车辆起动后检查人员通过观察车辆仪表,剩余油量满足运营使用需求
2	仪表、信号	无报警,重点检查电流表、电压表、气压表、低液位报警信号、车门开关信号及制动指示信号等无报警信号,无异响;无 OBD、MIL 等报警信号;电池舱灭火器无报警、异响等提示;低气压报警器效能完好,无声光报警;报警信号与气压表指示同步;检查倒车、转弯时有语音提示,声音正常
3	喇叭、刮水器	通电后按下即响,音量正常。刮水器摇臂角度正常,刮水速度均匀,挡速明显,刮水效果满足行车观察需求

续上表

序号	检查项目	检查标准
4	转向	分别沿方向机径向和轴向推拉转向盘无旷量,转动灵活无卡滞,转向盘自由量不得大于±15°
5	气路	仔细聆听车辆无漏气噪声。客门开关正常,应急开关打开盖仪表有报警提示,车门内外及驾驶舱内截气阀门完好有效,功能正常
6	制动	工作正常,无卡滞,抬脚能及时复位。气压上升至0.65MPa以上时,反复踩踏制动踏板1~2次,踩住踏板时气压表显示值静止,收起踏板时气压表值略微下降,车辆有气压卸荷声。低速状态下轻点制动踏板,制动灵敏有效
7	驻车制动	拉紧驻车制动器操纵杆,挂前进挡,轻点加速踏板,车辆不能起步,解除能及时复位
8	气囊	起动车辆后操作车辆气囊,能正常升降、侧倾,可以锁定高度
9	换挡器	齐全有效,反应灵敏,操作灵活
10	车载电子设施	检查倒车、转向语音提示系统,具备语音提示;IC卡刷卡机、监控摄像头,工作正常,安装牢固;语音报站和刷卡机联动正常;CP4显示屏网络在线,信号灯闪烁,无故障灯;其他车载电子设施安装完好,工作正常
11	空调、暖风、除霜机	功能正常,无报警,空调进风口过滤棉清洁、完好,除霜机无异响异味

续上表

序号	检查项目	检查标准
12	燃油加热	冬季燃油加热装置工作正常，无报警、异常故障显示
13	尾气	尾气排放应无色。出现黑烟、蓝烟、白烟等其他颜色，均为尾气排放不合格

2. 车厢内检查

(1)检查灯光。

打开全部厢灯，查看灯光亮度是否符合标准，厢灯固定是否牢固，外壳是否完好。

(2)检查监控摄像头。

查看监控设备及视频角度，检查摄像头安装是否完好，安装角度是否正确。

(3)检查信息屏、滚动屏。

检查信息屏、滚动屏显示工作是否正常，有无乱码、花屏、字体缺损现象。

(4)检查移动电视。

检查移动电视显示是否完好有效，安装是否牢固。

通过检查，确保车厢内部各项目达到以下标准。

序号	检查项目	检查标准
1	灯光	灯光齐全，车内厢灯固定牢固，外壳完好，灯光亮度符合标准
2	监控摄像头	安装完好，角度正确
3	信息屏、滚动屏	显示工作正常，无乱码、字体缺损现象
4	移动电视	移动电视完好有效，安装牢固

3. 车外检查

(1)检查灯光。

在车内打开全部灯光,绕车检查全车灯光是否齐全,前照灯、转向信号灯、制动灯、侧边灯、示廓灯、牌照灯是否齐全牢固,亮度是否符合标准。

(2)检查路腰尾牌。

检查路腰尾牌,查看显示工作是否正常,有无乱码、花屏、字体有无缺损现象。

通过检查,确保车外各检查项目达到以下标准。

序号	检查项目	检查标准
1	路腰尾牌	显示工作正常,无乱码、字体缺损现象
2	灯光	灯光齐全,前照灯、转向信号灯、制动灯、侧边灯、示廓灯、牌照灯固定牢固,外壳完好,灯光亮度符合标准

车型5 燃气增程车、氢燃料电池车每日例检

燃气增程式电动汽车和氢燃料电池车是以纯电动驱动行驶的插电式串联混合动力汽车，其动力系统由动力电池系统、动力驱动系统、增程器和整车控制系统组成，燃气和氢燃料电池能源负责驱动增程器，不负责整车动力，属于新能源车辆。燃气增程车和氢燃料电池车辆例检项目分为冷车检查和热车检查。主要包括车身外观检查、车厢内部检查、驾驶舱内检查等方面。

一、冷车检查

冷车检查主要分为车身外观检查和车厢内部检查。按照检查顺序分为:前部外观、右侧外观、后部外观、左侧外观和车厢内部。

1. 车身前部检查

(1)检查后视镜、前下视镜。

检查镜片及外壳是否完好,触碰后视镜、前下视镜并轻轻晃动,确保安装牢固。

(2)检查车身、风窗。

检查风窗玻璃是否有破损;车身是否有剐撞、掉漆、龟裂的情况;保险杠是否完好无破损;自编号是否清晰;检查号牌是否损坏、有无异物遮挡。

(3)检查喇叭及线束。

打开车辆前机舱盖检查喇叭总成是否完好,线束连接是否牢固,前机舱盖内其余线束连接是否有脱落,异常现象。

通过检查，确保车身前部外观各项目达到以下标准。

序号	检查项目	检查标准
1	后视镜、前下视镜	镜片及外壳完好，固定牢固
2	车辆保险杠	安全牢固，无破损
3	车身、风窗	无剐撞、掉漆、龟裂，自编号清晰，牌照安装可靠、风窗玻璃无破损
4	喇叭等线束	喇叭总成齐全完好，各线束连接正常，无异常情况

2. 车身右侧外观检查

(1)检查客门。

通过开关客门检查开关是否顺畅，有无卡顿；查看车窗处门刷、门条是否齐全完好，门窗是否严实、有无漏风；晃动扶手杆确认是否紧固，护套是否松动。

(2)检查车身、玻璃。

通过观察车身有无剐撞、掉漆、龟裂；观察侧窗玻璃有无破损，玻璃扣是否齐全。观察车辆标识、自编号和企业标志是否清晰完好。

(3)检查轮胎。

观察轮辋有无裂损、胎冠面磨损有无异常、轮胎是否亏气；轴头螺栓是否齐全，有无松动、漏油。

(4)检查各舱门。

检查人员通过开关舱门,检查门盖能否关闭紧合,锁具是否有效,支撑杆、防开链是否齐全有效。观察机舱内有无杂物,有无漏油、漏气、漏电、漏冷却液等"四漏"现象。目测电池箱动力蓄电池箱有无松动老化现象;目测电池线束及卡扣是否正常衔接,线束有无鼓包、起泡、拉弧现象;电池舱内灭火器是否齐全完好。

(5)检查低压蓄电池。

低压蓄电池是否固定牢靠,蓄电池箱内线束有无磨蹭、污垢及酸蚀物。

(6)检查加气舱。

检查加气舱内加气嘴、护套是否齐全完好,密封有效无渗漏,检查汽化器处无结霜现象。

(7)检查气瓶及供气管路。

检查各管路连接接头处无结霜、冒白烟现象。

(8)检查充电口。

检查人员通过打开充电口盖的方式检查充电口盖是

否齐全、完好，查看充电口内卡簧处有无烧蚀、拉弧及异物情况。

通过检查，确保车身右侧外观各检查项目达到以下标准。

序号	检查项目	检查标准
1	车身、玻璃	无剐撞、掉漆、龟裂，侧窗玻璃无破损，玻璃扣齐全。车身流水槽、排水口无缺失。车辆标识、自编号和企业标志清晰完好
2	各舱门	门盖关闭紧合，锁具有效，支撑杆、防开链齐全、工作正常。机舱内有无杂物，无漏油、漏气、漏电、漏冷却液等“四漏”现象。目测电池箱动力蓄电池箱安装牢固，无松动老化现象；电池线束及卡扣正常衔接，线束无鼓包、起泡、拉弧现象；检查电池舱内无漏水、异物；电池舱内灭火器齐全，处于有效期内
3	客门	开关顺畅，速度适中。门刷、门条齐全完好、严实不漏风。车门扶手杆紧固，护套不松动
4	轮胎	轮胎成色达标，轮辋无裂损，胎侧无变形，胎冠面磨损无异常，轮胎不亏气；轴头螺栓齐全、紧固无松动，无漏油
5	低压蓄电池	低压蓄电池固定牢靠，蓄电池箱内线束无磨蹭，无污垢及酸蚀物

续上表

序号	检查项目	检查标准
6	加气舱	加气嘴及护套齐全完好,无缺损,安装可靠,密封有效无渗漏,汽化器处无结霜现象
7	气瓶及供气管路	各管路连接接头处无结霜、冒白烟现象(储液瓶出液管路、增压管路、经济调压管路在工作时产生霜或结冰是正常现象,但输液管路各连接接头不能冒白烟,储液瓶瓶体不得有结霜结冰现象)
8	充电口	充电口盖齐全、完好,充电口内卡簧处无烧蚀、拉弧及异物

3. 车身后部外观检查

(1)检查车身、风窗。

观察车身有无剐撞、掉漆、龟裂情况、自编号是否清晰,保险杠是否牢固,牌照是否安装可靠,后风窗玻璃有无破损。

(2)检查后机舱。

检查人员打开后机舱舱门,检查是否开关顺畅,锁具是否有效,支撑杆是否齐全。观察后机舱内部,支撑杆是否齐全,舱内应无杂物及“四漏”现象;检查电气线束有无脱落、裸露破损,是否远离热源。

（3）检查冷却液。

检查膨胀水箱中的液位是否高于最低标记线，观察冷却液颜色、状态有无变色、变质现象；水箱盖及保护链是否齐全、完好。

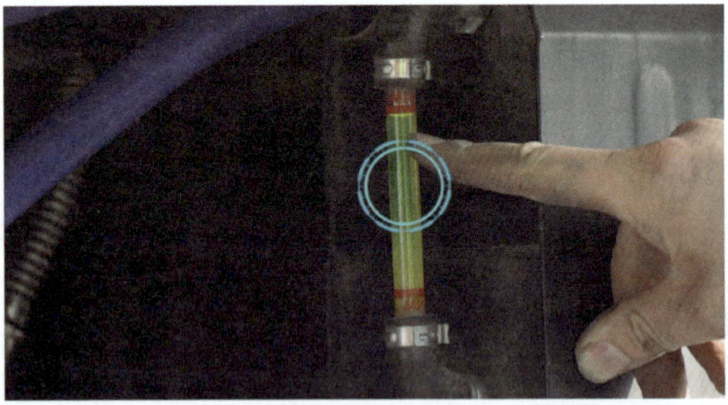

（4）检查助力油液。

观察助力油储油罐有无漏液情况；查看助力油油面高度，确保油液油面在储油罐上下刻线之间。

(5)检查发动机机油。

拔出机油尺,观察油面应在最高与最低油面刻线之间;机油颜色应为黄褐色,清亮、黏稠的液体。

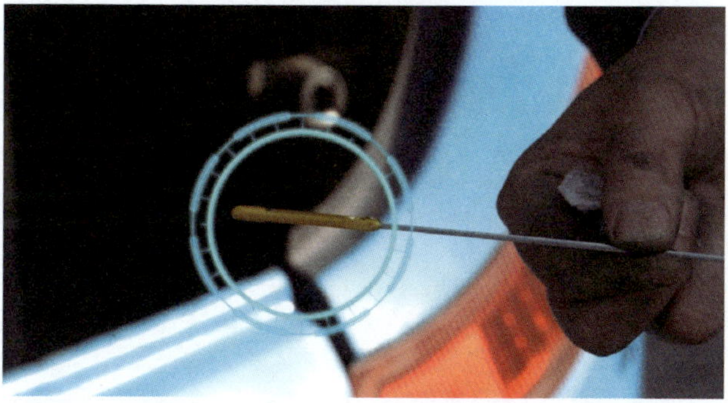

(6)检查皮带和风扇。

检查皮带松紧度是否合适,观察有无老化、破损、起毛,检查风扇无异物遮挡、堵塞通风。

(7)检查导静电橡胶拖地带。

检查拖地带是否接地,符合标准。

通过检查,确保车身后部各检查项目达到以下标准。

序号	检查项目	检查标准
1	后机舱	舱门门盖关闭盖好,锁具有效,支撑杆齐全,舱内无杂物,无“四漏”现象;电气线束固定无脱落、远离热源,隔热罩无裸露破损

续上表

序号	检查项目	检查标准
2	冷却液	发动机、电池、电机冷却液无缺失，水箱盖及保护链应齐全、完好。冷却液无变色、变质
3	助力油液	助力油油面高度应在储油罐上下刻线之间，助力油无渗漏
4	车辆保险杠	安全牢固，无破损
5	车身、风窗	无剐撞、掉漆、龟裂，自编号清晰，牌照安装可靠、风窗玻璃无破损
6	发动机机油	机油尺油面应在最高与最低油面刻线之间；机油颜色应为黄褐色，清亮、黏稠的液体
7	皮带和风扇	松紧度合适，无老化、破损、起毛现象，检查冷却风扇，无异物遮挡堵塞通风
8	导静电橡胶拖地带	拖地带接地端无论空、满载应始终接地，接地要求不小于30mm

4. 车身左侧外观检查

参照车身右侧检查标准，对车身左侧车身、玻璃、各舱门、轮胎进行检查，逐舱门检查门盖能否关闭紧合，锁具是否有效，支撑杆、防开链是否齐全有效。观察机舱内有无杂物，有无漏油、漏气、漏电、漏冷却液等“四漏”现象。目测电池箱动力蓄电池箱有无松动老化现象；目测电池线束及卡扣是否正常衔接，线束有无鼓包、起泡、拉弧现象；电池舱内灭火器是否齐全完好。

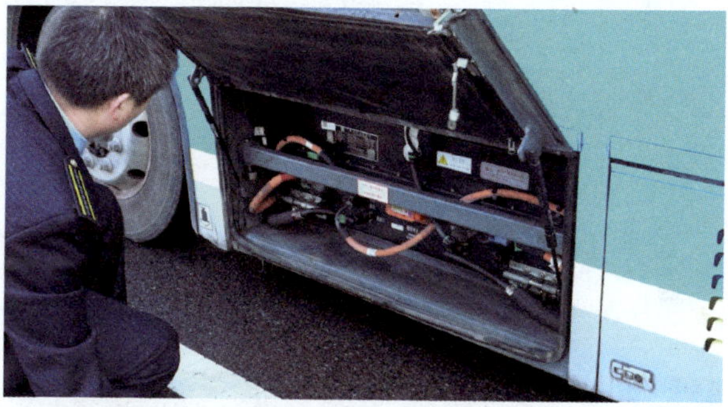

观察轮辋有无裂损、胎冠面磨损有无异常、轮胎是否亏气；轴头螺栓是否齐全，有无松动、漏油情况。

5. 车厢内部检查

(1)检查立柱、扶手杠。

检查立柱、扶手杠有无短缺、损坏，护套是否齐全，有无松动；检查限位装置是否齐全有效。检查儿童购票限高标识是否清楚、完好。

(2)检查地板、围板、顶板及风道。

目测检查地板、围板、顶板及风道有无凸起、凹陷,防滑是否有效;检查各检修口门盖是否齐全,锁止是否可靠,有无凸起现象。

(3)检查驾驶舱。

检查舱门是否完好、锁止可靠;观察驾驶舱内有无杂物;检查驾驶区隔离防护设施是否牢固。

(4)检查座椅。

检查椅架安装是否牢固,有无断裂;座垫、靠背是否齐全,座椅扶手是否完好、紧固。座椅安全带是否齐全有效。

(5)检查应急逃生天窗。

观察应急逃生天窗配件是否齐全,有无漏雨现象。

(6)检查灭火器及固定架。

检查灭火器固定架安装是否可靠,灭火器是否配置齐全;压力表压力值是否在合格范围内。

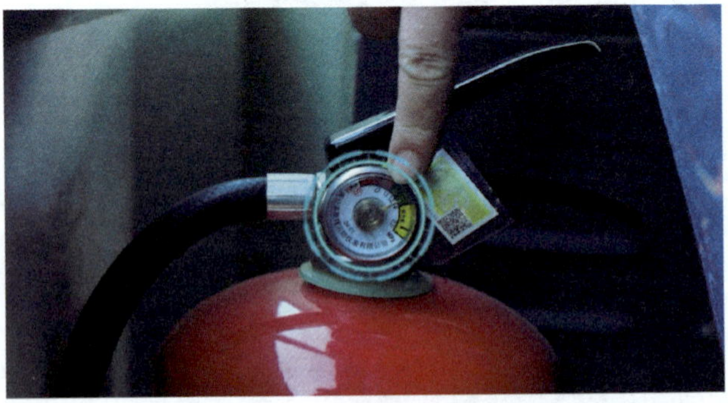

(7)检查安全锤。

检查安全锤是否齐全、完好。

(8)检查无障碍设施(如有)。

检查坡板、靠垫、安全带、无障碍标识等是否齐全。

通过检查,确保车厢内部各检查项目达到以下标准。

序号	检查项目	检查标准
1	立柱、扶手杠	无短缺、损坏,护套齐全、不松动,限位装置齐全有效。儿童购票限高标识清楚、完好
2	地板、围板、顶板及风道	无凸起、凹陷,防滑有效;各处检修口门盖齐全,锁止可靠,无凸起
3	座椅	椅架安装牢固、无断裂,座垫靠背齐全,座椅扶手完好、紧固不松动。安全带齐全有效
4	应急逃生天窗	齐全、无漏雨
5	灭火器及固定架	灭火器固定架安装可靠,灭火器配置齐全,压力在合格范围内
6	安全锤	齐全、完好、安全锤取下后报警功能正常、有效
7	驾驶舱	舱门完好、锁止可靠、驾驶舱内无杂物,清洁到位,驾驶区隔离防护设施及舱门安装牢固
8	无障碍设施	坡板、靠垫、安全带、无障碍标识、车内外呼叫铃等齐全

二、热车检查

冷车检查无隐患后，起动车辆，可进行热车检查。

1. 驾驶舱内检查

(1)检查剩余燃气量。

观察燃气仪表，燃气剩余量和燃气压力满足运营使用需求。

(2)检查报警信号。

检查仪表面板上电流表、电压表、气压表、低液位报警信号、车门开关信号及制动指示信号等查看有无报警、异响；检查电池舱灭火器有无报警、异响等提示；检查有无OBD、MIL等报警信号；查看低气压报警器效能是否完好，有无声光报警；检查报警信号与气压表指示是否同步；通过驾驶检查倒车、转弯时有无语音提示，声音是否正常。

(3)检查喇叭、刮水器。

按下喇叭按键，检查是否按下即响，音量是否正常；

拨动刮水器开关，查看摇臂角度是否正常，刮水速度是否均匀；通过更换挡速查看变化是否明显；查看刮水效果是否满足行车观察需求。

(4)检查转向。

转动转向盘自由量是否大于±15°，有无旷量，按下助力按钮，检查转向操作是否灵活无卡滞。

(5)检查气路。

需仔细聆听车辆是否有漏气声音。通过开关客门检查客门速度是否合适，检查车门内外及驾驶舱内截气阀门是否完好有效，功能是否正常。

(6)检查制动。

通过踩下制动踏板检查制动是否工作正常,有无卡滞现象;通过抬脚检查制动踏板能否及时复位。气压上升至0.65MPa以上时,反复踩踏制动踏板1~2次,踩住踏板时气压表显示值是否静止,收起踏板时气压表值是否略微下降,车辆是否有气压卸荷声。低速状态下轻点制动踏板,检查制动是否灵敏有效。

(7)检查驻车制动。

车辆处于静止状态时,拉紧驻车制动器操纵杆,挂前进挡,轻点加速踏板,检查车辆能否起步,当解除驻车制动时能否及时复位。

(8)检查气囊。

操作车辆气囊,检查能否正常升降、侧倾,是否可以锁定高度。

(9)检查换挡器。

操作换挡器,检查是否齐全有效,反应是否灵敏,操作是否灵活。

(10)检查车载电子设施。

检查倒车、转向语音提示系统,是否具备语音提示;检查IC卡刷卡机是否正常;查看监控摄像头是否工作正常,安装是否牢固;检查语音报站和刷卡机联动是否正常;查看CP4显示屏网络是否在线,信号灯有无闪烁,有无故障灯;检查其他车载电子设施安装是否完好,工作是否正常。

(11)检查空调、除霜机。

通过开关空调,检查空调功能是否正常,有无报警;查看空调进风口过滤棉是否清洁、完好;检查除霜机有无异响异味。

(12)检查燃气报警器。

燃气报警器应无报警或故障提示。

(13)检查尾气。

通过后视镜观察车辆尾气,排放应无色。出现黑烟、蓝烟、白烟等其他颜色,均为尾气排放不合格。

通过检查,确保驾驶舱内各检查项目达到以下标准。

序号	检查项目	检查标准
1	燃气量	车辆起动后,通过仪表观察,剩余量满足运营使用需求,LNG能源车辆可通过加气面板气瓶压力机械表判断,其正常显示值为0.6~1.2MPa

续上表

序号	检查项目	检查标准
2	仪表、信号	仪表面板上电流表、电压表、气压表、低液位报警信号、车门开关信号及制动指示信号等无报警、异响；电池舱灭火器无报警、异响等提示；无OBD、MIL等报警信号；低气压报警器效能完好，无声光报警；报警信号与气压表指示同步；通过驾驶检查倒车、转弯时有语音提示，声音正常
3	喇叭、刮水器	通电后按下即响，音量正常。刮水器摇臂角度正常，刮水速度均匀，挡速明显，刮水效果满足行车观察需求
4	转向	分别沿方向机径向和轴向推拉转向盘无旷量，转动灵活无卡滞，转向盘自由量不得大于±15°
5	气路	仔细聆听车辆无漏气噪声。客门开关正常，应急开关打开盖仪表有报警提示，车门内外及驾驶舱内截气阀门完好有效，功能正常
6	制动	工作正常，无卡滞，抬脚能及时复位。气压上升至0.65MPa以上时，反复踩踏制动踏板1～2次，踩住踏板时气压表显示值静止，收起踏板时气压表值略微下降，车辆有气压卸荷声。低速状态下轻点制动踏板，制动灵敏有效
7	驻车制动	拉紧驻车制动器操纵杆，挂前进挡，轻点加速踏板，车辆不能起步，解除能及时复位

续上表

序号	检查项目	检查标准
8	气囊	起动车辆后操作车辆气囊,能正常升降、侧倾,可以锁定高度
9	换挡器	齐全有效,反应灵敏,操作灵活
10	车载电子设施	检查倒车、转向语音提示系统,具备语音提示;IC卡刷卡机、监控摄像头,工作正常,安装牢固;语音报站和刷卡机联动正常;CP4显示屏网络在线,信号灯闪烁,无故障灯;其他车载电子设施安装完好,工作正常
11	空调、暖风、除霜机	功能正常,无报警,空调进风口过滤棉清洁、完好,除霜机无异响异味
12	燃气报警器	无报警或故障提示
13	尾气	尾气排放应无色。出现黑烟、蓝烟、白烟等其他颜色,均为尾气排放不合格

2. 车厢内检查

(1)检查灯光。

打开全部厢灯,查看灯光亮度是否符合标准,厢灯固定是否牢固,外壳是否完好。

(2)检查监控摄像头。

查看监控设备及视频角度,检查摄像头安装是否完好,安装角度是否正确。

(3)检查信息屏、滚动屏。

检查信息屏、滚动屏显示工作是否正常,有无乱码、花屏、字体缺损现象。

(4)检查移动电视。

检查移动电视显示是否完好有效,安装是否牢固。

通过检查,确保车厢内部各项目达到以下标准。

序号	检查项目	检查标准
1	灯光	灯光齐全,车内厢灯固定牢固,外壳完好,灯光亮度符合标准
2	监控摄像头	安装完好,角度正确
3	信息屏、滚动屏	显示工作正常,无乱码、字体缺损现象
4	移动电视	移动电视完好有效,安装牢固

3. 车外检查

(1)检查灯光。

在车内打开全部灯光,绕车检查全车灯光是否齐全,前照灯、转向信号灯、制动灯、侧边灯、示廓灯、牌照灯是否齐全牢固,亮度是否符合标准。

(2)检查路腰尾牌。

检查路腰尾牌,查看显示工作是否正常,有无乱码、花屏、字体有无缺损现象。

通过检查,确保车外各检查项目达到以下标准。

序号	检查项目	检查标准
1	路腰尾牌	显示工作正常,无乱码、字体缺损现象
2	灯光	灯光齐全,前照灯、转向信号灯、制动灯、侧边灯、示廓灯、牌照灯固定牢固,外壳完好,灯光亮度符合标准

车型6　双源无轨电车每日例检

双源无轨电车采用线网作为动力电源，同时配有动力电池组。电车在有架空电网的路段，借助集电杆与架空线网相连行驶，充电并储存电能，在无架空线网路段，电车可利用电池脱线行驶。无轨电车车辆例检项目分为冷车检查和热车检查。主要包括车身外观检查、车厢内部检查、驾驶舱内检查等方面。

一、冷车检查

冷车检查主要分为车身外观检查和车厢内部检查。按照检查顺序分为:前部外观、右侧外观、后部外观、左侧外观和车厢内部。

1. 车身前部检查

(1)检查后视镜、前下视镜。

检查镜片及外壳是否完好,触碰后视镜、前下视镜并轻轻晃动,确保安装牢固。

(2)检查车身、风窗。

检查风窗玻璃是否有破损;车身是否有剐撞、掉漆、龟裂的情况;保险杠是否完好无破损;自编号是否清晰;检查号牌是否损坏、有无异物遮挡。

(3)打开车辆前机舱盖检查助力油液、喇叭及线束。

检查人员观察助力油储油罐外观是否完好,有无漏液情况,助力油油面高度应在储油罐上下刻线之间。检查喇叭总成是否完好齐全,线束连接是否牢固,前机舱盖内其余线束连接是否有脱落,异常现象。

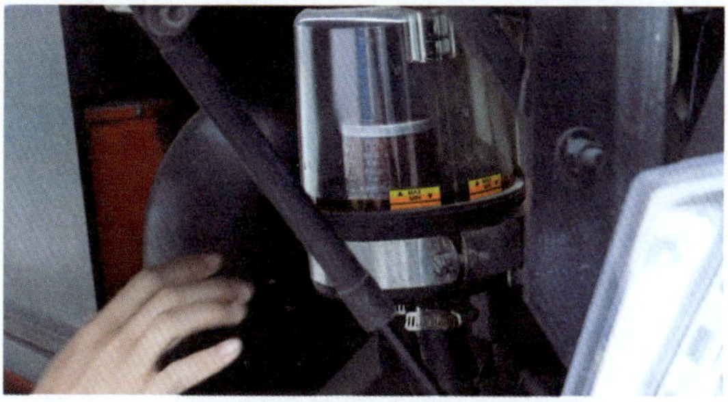

通过检查,确保车身前部外观各项目达到以下标准。

序号	检查项目	检查标准
1	后视镜、前下视镜	镜片及外壳完好,固定牢固
2	车辆保险杠	安全牢固,无破损
3	车身、风窗	无剐撞、掉漆、龟裂,自编号清晰,牌照安装可靠、风窗玻璃无破损
4	助力油液	助力油油面高度应在储油罐上下刻线之间,助力油无渗漏
5	喇叭等线束	喇叭总成齐全完好,各线束连接正常,无异常情况

2. 车身右侧外观检查

(1)检查客门。

通过开关客门检查开关是否顺畅,有无卡顿;查看车窗处门刷、门条是否齐全完好,门窗是否严实、有无漏风;

晃动扶手杆确认是否紧固，护套是否松动。客门开启状态下查看“地线链”是否有效触地，是否有缠绕导致无法有效触地情况。

(2)检查车身、玻璃。

通过观察车身有无剐撞、掉漆、龟裂；观察侧窗玻璃有无破损，玻璃扣是否齐全。观察车辆标识、自编号和企业标志是否清晰完好。

(3)检查轮胎。

观察轮辋有无裂损、胎冠面磨损有无异常、轮胎是否亏气；轴头螺栓是否齐全，有无松动、漏油。

(4)检查各舱门。

检查人员通过开关舱门,检查门盖能否关闭紧合,锁具是否有效,支撑杆、防开链是否齐全、工作正常。机舱内有无杂物,有无漏油、漏气、漏电、漏冷却液等“四漏”现象。目测电池箱内动力蓄电池箱安装是否牢固,有无松动老化现象;电池线束及卡扣是否正常衔接,线束有无鼓包、起泡、拉弧现象;电池舱内灭火器是否齐全,并处于有效期内。

(5)检查低压蓄电池。

低压蓄电池是否固定牢靠,蓄电池箱内线束有无磨蹭、污垢及酸蚀物。

通过检查,确保车身右侧外观各检查项目达到以下标准。

序号	检查项目	检查标准
1	车身、玻璃	无剐撞、掉漆、龟裂,侧窗玻璃无破损,玻璃扣齐全。车身流水槽、排水口无缺失。车辆标识、自编号和企业标志清晰完好
2	各舱门	门盖关闭紧合,锁具有效,支撑杆、防开链齐全,工作正常;机舱内无杂物,无漏油、漏气、漏电、漏冷却液等“四漏”现象;动力电池安装牢固,无松动老化,目测电池线束及卡扣正常衔接,线束无鼓包、起泡、拉弧现象,电池舱内无漏水、异物,电池舱内灭火器齐全,有效期内
3	客门	开关顺畅,速度适中。地线链齐全、无缠绕、有效触地。门刷、门条齐全完好、严实不漏风。车门扶手杆紧固,护套不松动

续上表

序号	检查项目	检查标准
4	轮胎	轮胎成色达标，轮辋无裂损，胎侧无变形，胎冠面磨损无异常，轮胎不亏气；轴头螺栓齐全、紧固无松动，无漏油
5	低压蓄电池	低压蓄电池固定牢靠，蓄电池箱内线束无磨蹭，无污垢及酸蚀物

3. 车身后部外观检查

(1)检查车身、风窗。

观察车身有无剐撞、掉漆、龟裂情况、自编号是否清晰，保险杠是否牢固，牌照是否安装可靠，后风窗玻璃有无破损。

(2)检查后机舱。

检查人员打开后机舱舱门,检查是否开关顺畅,锁具是否有效,支撑杆是否齐全。观察后机舱内部,支撑杆是否齐全,舱内应无杂物及“四漏”现象;检查电气线束有无脱落、裸露破损,是否远离热源。

(3)检查集电系统。

拉下集电杆,检查集电杆有无变形,有无漏气,观察升降功能是否正常;集电头转动是否灵活、不磨蹭;滑块有无缺损;安全绳捆扎是否牢固,安全环是否齐全有效。高压导线两端固定是否牢固,导线外护套有无破损,线束有无断裂,绳箱是否工作正常。

通过检查,确保车身后部各检查项目达到以下标准。

序号	检查项目	检查标准
1	后机舱	舱门门盖关闭盖好,锁具有效,支撑杆齐全,舱内无杂物,无“四漏”现象;电气线束固定无脱落、远离热源,隔热罩无裸露破损
2	车辆保险杠	安全牢固,无破损

续上表

序号	检查项目	检查标准
3	车身、风窗	无剐撞、掉漆、龟裂,自编号清晰,牌照安装可靠、风窗玻璃无破损
4	集电系统	集电杆无变形,降杆不漏气,升降功能正常;集电头转动灵活,与固定部位不磨蹭;滑块齐全无缺损;安全绳捆扎牢固,安全环齐全有效;高压导线两端固定牢固,导线外护套无破损,线束无断裂,绳箱工作正常

4. 车身左侧外观检查

参照车身右侧检查标准,对车身左侧车身、玻璃、各舱门、轮胎进行检查,逐舱门检查门盖能否关闭紧合,锁具是否有效,支撑杆、防开链是否齐全、工作正常。舱内有无杂物,有无漏油、漏气、漏电、漏冷却液等"四漏"现象。目测电池箱内动力蓄电池箱安装是否牢固,有无松动老化现象;目测电池线束及卡扣是否正常衔接,线束有无鼓包、起泡、拉弧现象;电池舱内灭火器是否齐全,并处于有效期内。

观察轮辋有无裂损、胎冠面磨损有无异常、轮胎是否亏气;轴头螺栓是否齐全,有无松动、漏油情况。

5. 车厢内部检查

(1)检查立柱、扶手杠。

检查立柱、扶手杠有无短缺、损坏,护套是否齐全,有无松动；检查限位装置是否齐全有效。检查儿童购票限高标识是否清楚、完好。

(2)检查地板、围板、顶板及风道。

目测检查地板、围板、顶板及风道有无凸起、凹陷，防滑是否有效；检查各检修口门盖是否齐全，锁止是否可靠，有无凸起现象。

(3)检查驾驶舱。

开关驾驶舱舱门检查舱门是否完好、锁止可靠；观察驾驶舱内有无杂物，清洁是否到位；仔细检查驾驶区隔离防护设施及舱门是否安装牢固。

(4)检查座椅。

检查椅架安装是否牢固，有无断裂；座垫、靠背是否齐全，座椅扶手是否完好、紧固。测试安全带是否齐全有效。

(5)检查应急逃生天窗。

观察应急逃生天窗配件是否齐全，有无漏雨现象。

(6)检查灭火器及固定架。

检查灭火器固定架安装是否可靠,灭火器是否配置齐全;压力表压力值是否在合格范围内。

(7)检查安全锤。

查看安全锤是否齐全、完好;安全锤取下后报警功能是否正常、有效。

(8)检查无障碍设施(如有)。

检查坡板、靠垫、安全带、无障碍标识、车内外呼叫铃等是否齐全。

通过检查，确保车厢内部各检查项目达到以下标准。

序号	检查项目	检查标准
1	立柱、扶手杠	无短缺、损坏，护套齐全、不松动，限位装置齐全有效。儿童购票限高标识清楚、完好
2	地板、围板、顶板及风道	无凸起、凹陷，防滑有效；各处检修口门盖齐全，锁止可靠，无凸起
3	座椅	椅架安装牢固、无断裂，座垫靠背齐全，座椅扶手完好、紧固不松动。安全带齐全有效
4	应急逃生天窗	齐全、无漏雨
5	灭火器及固定架	灭火器固定架安装可靠，灭火器配置齐全，压力在合格范围内
6	安全锤	齐全、完好，安全锤取下后报警功能正常、有效
7	驾驶舱	舱门完好、锁止可靠、驾驶舱内无杂物，清洁到位，驾驶区隔离防护设施及舱门安装牢固
8	无障碍设施	抽板、靠垫、安全带、无障碍标识、车内外呼叫铃等齐全

二、热车检查

冷车检查无隐患后，起动车辆，可进行热车检查。

1. 驾驶舱内检查

(1)检查电池电量。

检查人员查看仪表中显示的电池剩余电量(SOC)数值，查看剩余电量低限是否≥30%，确保电量满足运营使用需求。

(2)检查报警信号。

检查仪表面板上电流表、电压表、气压表、车门开关信号及制动指示信号等查看有无报警、异响；检查电池舱灭火器有无报警、异响等提示；查看低气压报警器效能是否完好，有无声光报警；检查报警信号与气压表指示是否同步；通过驾驶检查倒车、转弯时有无语音提示，声音是否正常。

(3)检查喇叭、刮水器。

按下喇叭按键,检查是否按下即响,音量是否正常;拨动刮水器开关,查看摇臂角度是否正常,刮水速度是否均匀;通过更换挡速查看变化是否明显;查看刮水效果是否满足行车观察需求。

(4)检查转向。

转动转向盘,检查自由量是否大于±15°,有无旷量,按下助力按钮,检查转向操作是否灵活无卡滞。

(5)检查气路。

需仔细聆听车辆是否有漏气声音。通过开关客门检查客门速度是否合适,检查车门内外及驾驶舱内截气阀门是否完好有效,功能是否正常。

(6)检查制动。

通过踩下制动踏板检查制动是否工作正常,有无卡滞现象;通过抬脚检查制动踏板能否及时复位。气压上升至0.65MPa以上时,反复踩踏制动踏板1~2次,踩住踏板时气压表显示值是否静止,收起踏板时气压表值是否略微下降，车辆是否有气压卸荷声。低速状态下轻点制动踏板，检查制动是否灵敏有效。

(7)检查驻车制动。

车辆处于静止状态时，拉紧驻车制动器操纵杆，挂前进挡，轻点加速踏板，检查车辆能否起步，当解除驻车制动时能否及时复位。

(8)检查气囊。

操作车辆气囊，检查能否正常升降、侧倾，是否可以锁定高度。

(9)检查换挡器。

操作换挡器，检查是否齐全有效，反应是否灵敏，操作是否灵活。

(10)检查车载电子设施。

检查倒车、转向语音提示系统，是否具备语音提示；检查 IC 卡刷卡机是否正常；查看监控摄像头是否工作正常，安装是否牢固；检查语音报站和刷卡机联动是否正常；查看 CP4 显示屏网络是否在线，信号灯有无闪烁，有无故障灯；检查其他车载电子设施安装是否完好，工作是否正常。

(11)检查空调、除霜机。

通过开关空调,检查空调功能是否正常,有无报警;查看空调进风口过滤棉是否清洁、完好;检查除霜机有无异响异味。

通过检查,确保驾驶舱内各检查项目达到以下标准。

序号	检查项目	检查标准
1	电池电量	电池剩余电量(SOC)。剩余电量:低限应≥30%。电量需满足运营使用需求
2	仪表、信号	无报警、无异响,重点检查电流表、电压表、气压表、车门开关信号及制动指示信号等。电池舱灭火器无报警提示。低气压报警器效能完好,无声光报警,报警信号与气压表指示同步。倒车、转弯时有语音提示,声音正常
3	喇叭、刮水器	通电后按下即响,音量正常。刮水器摇臂角度正常,刮水速度均匀,挡速明显,刮水效果满足行车观察需求
4	转向	分别沿方向机径向和轴向推拉转向盘无旷量,转动灵活无卡滞,转向盘自由量不得大于±15°
5	气路	仔细聆听车辆无漏气噪声。客门开关正常,应急开关打开盖仪表有报警提示,车门内外及驾驶舱内截气阀门完好有效,功能正常

续上表

序号	检查项目	检查标准
6	制动	工作正常,无卡滞,抬脚能及时复位。气压上升至0.65MPa以上时,反复踩踏制动踏板1～2次,踩住踏板时气压表显示值静止,收起踏板时气压表值略微下降,车辆有气压卸荷声。低速状态下轻点制动踏板,制动灵敏有效
7	驻车制动	拉紧驻车制动器操纵杆,挂前进挡,轻点加速踏板,车辆不能起步,解除能及时复位
8	气囊	起动车辆后操作车辆气囊,能正常升降、侧倾,可以锁定高度
9	换挡器	齐全有效,反应灵敏,操作灵活
10	车载电子设施	检查倒车、转向语音提示系统,具备语音提示;IC卡刷卡机、监控摄像头,工作正常,安装牢固;语音报站和刷卡机联动正常;CP4显示屏网络在线,信号灯闪烁,无故障灯;其他车载电子设施安装完好,工作正常
11	空调、除霜机	功能正常,无报警,空调进风口过滤棉清洁、完好,除霜机无异响异味

2. 车厢内检查

(1)检查灯光。

打开全部厢灯,查看灯光亮度是否符合标准,厢灯固定是否牢固,外壳是否完好。

(2)检查监控摄像头。

查看监控设备及视频角度,检查摄像头安装是否完好,安装角度是否正确。

(3)检查信息屏、滚动屏。

检查信息屏、滚动屏显示工作是否正常,有无乱码、花屏、字体缺损现象。

(4)检查移动电视。

检查移动电视显示是否完好有效,安装是否牢固。

通过检查,确保车厢内部各项目达到以下标准。

序号	检查项目	检查标准
1	灯光	灯光齐全,车内厢灯固定牢固,外壳完好,灯光亮度符合标准
2	监控摄像头	安装完好,角度正确
3	信息屏、滚动屏	显示工作正常,无乱码、字体缺损现象
4	移动电视	移动电视完好有效,安装牢固

3. 车外检查

(1)检查灯光。

在车内打开全部灯光,绕车检查全车灯光是否齐全,前照灯、转向信号灯、制动灯、侧边灯、示廓灯、牌照灯固定是否齐全牢固,亮度是否符合标准。

(2)检查路腰尾牌。

检查路腰尾牌,查看显示工作是否正常,有无乱码、花屏、字体有无缺损现象。

通过检查,确保车外各检查项目达到以下标准。

序号	检查项目	检查标准
1	路腰尾牌	显示工作正常,无乱码、字体缺损现象
2	灯光	灯光齐全,前照灯、转向信号灯、制动灯、侧边灯、示廓灯、牌照灯固定牢固,外壳完好,灯光亮度符合标准